母猪精细化养殖新技术

林长光 ◎ 编著

U0347018

图书在版编目（CIP）数据

母猪精细化养殖新技术 / 林长光编著. —福州：
福建科学技术出版社，2016.4（2020.5重印）
ISBN 978-7-5335-4931-2

Ⅰ.①母… Ⅱ.①林… Ⅲ.①母猪－饲养管理－图解
Ⅳ.①S828-64

中国版本图书馆CIP数据核字（2016）第017171号

书　　名　母猪精细化养殖新技术
编　　著　林长光
出版发行　海峡出版发行集团
　　　　　福建科学技术出版社
社　　址　福州市东水路76号（邮编350001）
网　　址　www.fjstp.com
经　　销　福建新华发行（集团）有限责任公司
印　　刷　福州德安彩色印刷有限公司
开　　本　700毫米×1000毫米　1/16
印　　张　12
图　　文　192码
版　　次　2016年4月第1版
印　　次　2020年5月第3次印刷
书　　号　ISBN 978-7-5335-4931-2
定　　价　35.00元

书中如有印装质量问题，可直接向本社调换

前　言

笔者1989年开始从事养猪及养猪业科研工作，那时养猪业正处于从家庭副业逐渐向集约化规模化方向发展的阶段。当时笔者所在的福建农科院畜牧兽医研究所试验猪场，采用传统式半开放的地面饲养模式，一头母猪单栏占地面积14米^2，饲养密度低，猪有运动，疫病少，好养，母猪的利用年限长，更新率低（约15%）。1996年，在闽侯新建了一个集约化场，在2公顷地上建了万头场，装备了定位栏、高架分娩床，高密度饲养，采用了早期断奶、高营养浓度的饲料等技术。当时所谓先进的东西基本上都用上了，却发现麻烦越来越多，母猪的蹄病，不发情、发情配不上等繁殖障碍性问题造成的母猪淘汰率达到30%以上，比原来传统模式饲养时高了很多，各种疾病逐渐增多，用药也越来越多。

到了21世纪，养猪业又进入了一个新的阶段，集约化程度越来越高，设施越来越先进，猪营养水平越来越高，生长速度越来越快，瘦肉率越来越高，可是高热病、蓝耳病……接踵而来，如影随形，像笼罩在养猪业上的阴霾，挥之不去。养猪业遭遇前所未有的艰难，猪几乎是在疫苗和药物浸泡中艰难长大。回顾20余年养猪业发展的历史，我们不得不反思我们的发展模式、经营模式、管理理念和技术体系，不得不对过去20余年所付出的代价进行反思。

恰在此时，福建科学技术出版社邀约笔者编写《母猪精细化养殖新技术》一书。本书注重养猪新理念新技术，以"精细化健康养殖"为核心理念，以技术先进、内容实用为目的，强调善待猪、尊重猪，通过精细化饲养管理，表达人的关怀，促成人猪和谐，达到健康养殖之目的，实现养猪业永续健康发展。书中提出了一些新的理念，如强调生物安全措施对猪场安全生产重要性，提出构建以生物安全为核心的猪场疫病防控技术体系；科学的免疫要建立在科学的监测基础上，根据不同猪场的不同情况制定最适合自己的免疫程序，不能生搬硬套；反思了早期断奶的概念，提出了以保证猪只生存和生长需要为前提，适时断奶的理念；以减少应激为一切管理的出发点，将商品公仔猪的阉割时间提早到5~7日龄；重新思考仔猪剪牙做法的科学性，提倡不剪牙管理方式；强调规范化操作、标准化管理；提倡多点生产；在工艺安排上单独设立重胎母猪饲养阶段，1~2胎母猪分开单独饲养；为猪创造良好的生态环境，同时，强调克服养猪对生态环境的破坏，保护好生态环境，实现环境友好、永续发展。

现代养殖业发展要求我们要不断提高养殖效率，实现农业资源（种质资源、饲料资源、猪舍资源、设备资源、人力资源等）的高效利用，继而提高养殖业的综合效益。也就是说，未来的养猪业更多地是依靠技术，依靠创新，依靠精细化的管理，真正做到任凭市场"风吹雨打"，养殖户都能"闲庭信步"。

本书采用图解的方式，内容简单易懂，同时尽量避免太多理论性的东西，让养殖户喜欢阅读、容易理解、易丁掌握。

本书是现代农业（生猪）产业技术体系（CARS-36）、优质瘦肉型猪新品系和配套系选育及其产业化（福建省重大专项 2012NZ01030040）项目的成果。项目组成员、福建光华农牧科技开发有限公司林金玉硕士和詹桂兰硕士协助完成书稿文字的整理工作，福建光华百斯特生态农牧发展有限公司刘亚轩硕士、郭长明硕士，以及许有、戴秋海、林新宇、杨锋、李华生等技术骨干负责部分照片的现场拍摄。此外，有少量照片来源于笔者在全国各种学术会议等学术交流材料，在此对原作者表示感谢。特别需要感谢的是，华中农业大学八十多岁高龄的彭中镇教授，不辞辛苦，认真修改文字，还邮寄了大量的参考资料，并亲笔写信阐明配套系的概念和理论体系，让笔者获益良多，十分感动。在此，向彭老师致以深深的谢意和崇高的敬意。

由于笔者日常事务繁多，加上自身的业务水平有限，书中难免存有纰缪。不妥、错误之处，敬请广大读者批评指正。

作者

目录

CONTENTS

第一章　猪品种及杂交利用

一、猪品种

　　猪品种是养猪生产的基本资源。就生产效率而言，种质资源的贡献率在40%以上，因此选择合适的优良品种猪是规模化猪场的关键。我国是世界上猪种资源最为丰富的国家，也是在养猪生产中使用品种最多的国家。以下重点介绍目前在世界上普遍饲养的主要当家瘦肉型猪种和饲养量较大的太湖猪及部分福建省重点保护的地方品种。

　　1. 杜洛克猪

　　杜洛克猪毛色棕红色或金黄色，色泽深浅不一，体躯结构匀称紧凑，四肢粗壮，体躯深广，后躯丰满，腿臀肌肉发达。体质健壮，抗逆性强，生长速度快，饲料利用率高，胴体瘦肉率高，肉质较好。达100千克体重日龄为156天，生长肥育期的日增重高达802克，料肉比为2.74：1，背膘厚9.03毫米，胴体瘦肉率65%左右。

杜洛克猪

母猪一般在7月龄左右开始第一次发情，但产仔数较少，泌乳力稍差。在杂交利用中一般作为父本，多作三元杂交的终端父本。

　　杜洛克猪原产美国，各国都根据自己的市场需求，培育成各具部分性能优势的品系。我国内地目前饲养的杜洛克主要来自美国、加拿大和我国台湾地区等，分别称美国杜洛克、加拿大杜洛克和台湾杜洛克。

　　2. 长白猪

　　长白猪全身被毛白色，耳大而长向前倾，头和颈较轻，嘴长较直，体躯长，背线平直稍呈弓形，臀部肌肉丰满，腹线平直，乳头6对以上，排列整齐。性成熟较晚，公猪一般在生后6~7月龄时性成熟，8月龄时开始配种。窝产活仔数达

11.1 头。生长速度快，饲料利用率高，
繁殖性能良好，适应能力较强。100 千
克体重时活体背膘厚 12.3 毫米，达 100
千克体重日龄为 158 天，胴体瘦肉率达
到 65%。长白猪是生产瘦肉型猪的优良
亲本，通常作为母系品种使用。

长白猪

　　长白猪原产于丹麦，同样各国都根
据自己的市场需求培育出部分性能各具
优势的品系。目前我国饲养的长白猪主要来自丹麦（丹麦长白）、美国（美国长白）、
加拿大（加拿大长白）、英国（英国长白）、瑞士（瑞士长白）等国家。

　　3. 大约克猪

　　大约克猪也称大白猪。皮毛白色，
耳中等大，直立，嘴稍长微弯，背腰平
直或微弓，腹稍下垂，四肢较高，肢蹄
健壮，腿臀发育良好，体质结实。乳头
6 对以上，排列整齐。生长快，饲料利
用率高，产仔数较多，胴体瘦肉率高。
平均窝总产仔数 12.03 头，产活仔数
11.21 头。达 100 千克体重日龄 158 天，
胴体瘦肉率达到 64% 以上。通常利用

大约克猪

它做第一母本生产三元杂交猪，最常用的是大约克猪为第一母本、长白猪为第一
父本，生产"长 × 大"二元母猪。国内许多地方也用大约克猪做父本，改良本地猪，
进行二元杂交或三元杂交，效果也很好。

　　大约克猪原产英国。目前我国饲养的大约克猪主要有英国大约克猪（英系）、
美国大约克猪（美系）、法国大约克猪
（法系）和加拿大大约克猪（加系）等。

　　4. 皮特兰猪

　　皮特兰猪毛色灰白，夹有黑白斑点，
有些杂有红毛。耳直立，体躯宽短，背
宽，前后肩丰满，后躯发达，呈双肌臀，
有"健美运动员"的美称。四肢较粗壮，
但因其肌肉发达，常使四肢负重过大而
受伤。公猪一旦达到性成熟就有较强

皮特兰猪

的性欲，母猪的初情期一般在190日龄，胴体瘦肉率高达70%。皮特兰猪是目前瘦肉率最高的种猪之一，应激反应是所有猪种中最突出的一个。主要利用它生产杂交公猪"皮×杜"或"杜×皮"，为杂交生产商品猪提供经济父本，以提高商品猪的瘦肉率。

5.槐猪

槐猪，俗称"乌猪"，分布于闽西南地区，主产于漳平、上杭、大田等县市。全身黑色，头较短而宽，额部有明显的横行皱纹，耳小稍向前倾。体躯短，胸宽而深，背宽而凹，俗称"双脊"，腹大下垂，臀部丰满，大腿肥厚，多为卧系，尾根粗大。具有早熟易肥，沉积脂肪能力较强，骨细、肉嫩味美，屠宰率高，性情温和，适于粗放的饲养管理等优点，但生长较慢、个体差异较大。有较大选育能力，可作为生产优质猪肉的优选品种。

槐猪

槐猪可分为大骨和细骨两个类群。大骨猪体型较大，骨较粗，背较平，产仔数比细骨猪略高；细骨猪比大骨猪矮小，脂肪沉积较早，骨细，出肉率较高。

公猪性成熟较早，一般在8月龄初配，有经验的配种户在10月龄、体重达35~40千克时才开始配种。公猪最大利用年龄可达16年，一般在头6年内较好。母猪乳头一般为5~6对。在4月龄左右开始第一次发情，一般在6~8月龄、体重在40千克左右时初配。

6.闽北花猪

闽北花猪主产于三明市沙县的夏茂，南平市顺昌县的洋口和延平区的王台等地，是适应福建省较寒、高湿地区，管理粗放的地区的猪种。被毛细、稀、短，黑白斑块相间，分布不很一致，头中等大小，额有深浅、性状不一的皱纹，耳前倾下垂，颈短粗厚，背腰宽，背多凹陷，腹大下垂，臀宽而稍倾斜。具有早熟易

闽北花猪

肥、肉质细嫩、味道鲜美等特点，但生长较缓慢。初产母猪平均产仔数为7.5头，经产母猪的平均产仔数为8.77头。猪性成熟较早，一般在5~6月龄开始初配，10月龄正常使用。公猪使用期一般不超过4年。可作为杂交亲本，开展杂交利用，是生产优质猪肉的优选品种。

7. 武夷黑猪

武夷黑猪是武夷山区的一个地方猪种。产于武夷山脉两侧山麓各县，在福建省境内，主产于古田的平湖、政和的茶坪、浦城的石陂等乡镇。被毛灰黑色，头中等大，面稍长微凹，额有深浅不一的皱纹，耳中等大，前倾下垂；颈短背宽，背腰平直或微凹，腹大下垂；臀宽丰满，四肢较细、结实。具有早熟易肥、皮薄肉嫩、味道鲜美等特点。公猪性成

武夷黑猪

熟较早，6~7月龄开始试配，8~10月龄正常使用。一般使用3~6年，即行淘汰。母猪，一般在8~10月龄、体重达40千克以上开始配种。母猪乳头6对左右，但产仔数偏低，生长较慢。在一般饲养条件下，平均产仔9.37头，平均初生重0.75千克，20日龄窝重20千克，60日龄断奶成活8.99头，窝重74.51千克，哺育率达95.94%。

8. 莆田黑猪

莆田黑猪主产于莆田市和福清市的西北部。莆田黑猪是在低饲养水平情况下形成的猪种。具有耐粗性好、早熟、耐湿热、性情温驯、繁殖性能好等优点。被毛稀疏，灰黑色；头略狭长，面微凹，具有较深的菱形额纹；耳中等大，薄而向前倾垂。颈长短适中，背腰平或微凹，后躯稍高，臀稍倾斜，体躯丰满，肚大下垂。可做杂交亲本，开展杂交利用，

莆田黑猪

是生产优质猪肉的优选品种。公猪性成熟较早，4月龄小公猪即可采得精液30毫升，精子密度达中上标准，活力达5级。一般在6月龄开始使用，1~2岁为配种盛期。使用期不超过5年。母猪乳头6对的占34.25%，7对的占56.11%。母猪在6~7月龄、体重25~35千克时初配。

9. 太湖猪

太湖猪产于江浙地区太湖流域，依产地不同分为二花脸猪、梅山猪、枫泾猪、嘉兴黑猪和横泾猪等类型。被毛稀疏，黑色或青灰色，四肢、鼻均为白色，腹部紫红，头大额宽，额部和后躯皱褶深密，耳大下垂，形如烤烟叶。体型中等，四肢粗壮，腹大下垂，臀部稍高，乳头8~9对，最多12.5对。性成熟早，公猪4~5月龄精子的品质即达成年猪水平。母猪2月龄即出现发

太湖猪

情。初产平均12头，经产母猪平均16头以上；3胎以上，每胎可产20头；优秀母猪窝产仔数达26头，最高纪录产过42头。太湖猪遗传性能较稳定，与瘦肉型猪种结合杂交优势强，最宜作杂交母本。目前太湖猪常用作生产长太二元母本（长白猪公猪与太湖猪母猪杂交的第一代母猪），然后再与第三个品种开展三元杂交。

二、猪的杂交利用

杂交是遗传上不同种、品种、品系或类群个体之间的交配系统。杂交的最基本效应是使基因型杂合，产生杂种优势。杂种个体表现出生命力更强、繁殖力提高和生长加速，多数杂种后裔群体均值优于双亲群体均值，但也有出现低于双亲群体均值的。目前生产上最常用的杂交方式有二元杂交、三元杂交、四元杂交、轮回杂交和正反反复杂交。

（一）杂交方式

1. 二元杂交

二元杂交指两个具有互补性的品种或品系间的杂交，是最简单的杂交方式，生产上最常见的二元母猪为长大、大长杂种母猪。

纯粹以国外引进品种杂交生产的母猪，养殖户俗称其为"外二元"母猪。二元杂交中以我国地方猪种为母本生产的二元母猪，俗称其为"内二元"母猪，如长白猪公猪 × 太湖猪母猪杂交生产的长太二元杂种母猪。常见的二元杂种公猪为皮杜、杜皮杂种公猪。

长白猪公猪　　　　　　　　　　　　　大约克猪母猪

长大二元杂种母猪

长大二元杂交组合模式

大约克猪公猪　　　　　　　　　　　　长白猪母猪

大长二元杂种母猪

大长二元杂交组合模式

2. 三元杂交

三元杂交是指 3 个品种间或品系间的杂交。首先利用两个品种或品系杂交生产母猪，再利用第三个品种或品系的公猪杂交产生的后代猪。三元杂交除育种需要外大部分用于生产商品猪。生产上最常见的三元杂种猪为杜长大商品猪或杜大长商品猪。

全部应用外来品种（系）杂交生产出的三元猪，养殖户俗称为"外三元"商品猪。第一母本为国内地方品种的三元杂交生产的猪为"内三元"商品猪。

长白猪公猪  ×  大约克母猪

杜洛克猪公猪  ×  长大二元杂种母猪

杜长大（"外三元"）商品猪

"外三元"杂交组合模式

3. 四元杂交

四元杂交是指两个品种（系）杂交生产的杂交公猪，再利用另外两个品种（系）杂交生产杂交母猪，然后由杂交公猪和杂交母猪杂交产生的后代猪。四元杂交除育种需要外通常用于生产商品猪。

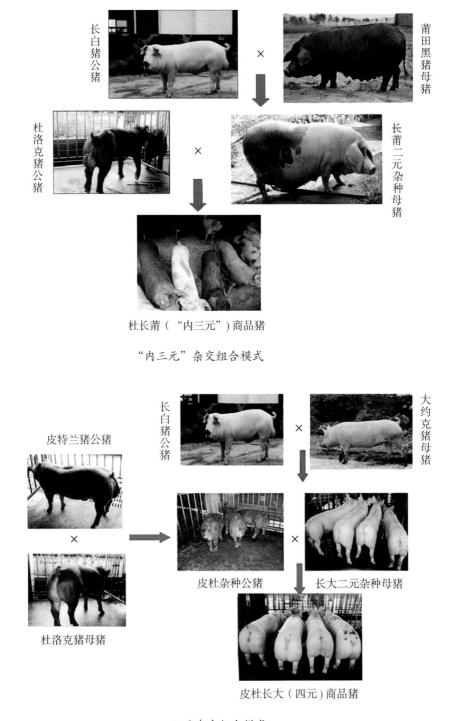

长白猪公猪 × 莆田黑猪母猪

杜洛克猪公猪 × 长莆二元杂种母猪

杜长莆（"内三元"）商品猪

"内三元"杂交组合模式

皮特兰猪公猪 长白猪公猪 × 大约克猪母猪

杜洛克猪母猪 皮杜杂种公猪 × 长大二元杂种母猪

皮杜长大（四元）商品猪

四元杂交组合模式

4. 轮回杂交

由 2 个或 3 个品种（系）轮流参加杂交，轮回杂种中部分母猪留作种用，参加下一次轮回杂交，其余杂种均作为商品肥育猪。

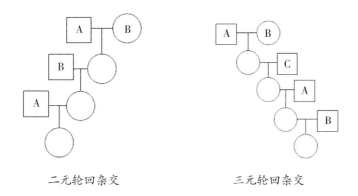

二元轮回杂交　　　　　　　　　三元轮回杂交

5. 正反反复杂交

利用杂种后裔的成绩来选择纯繁亲本，以提高亲本种群的一般配合力，获得杂交后代的最大杂种优势。

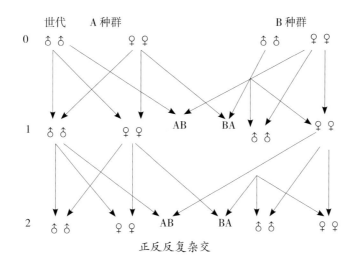

正反反复杂交

（二）配套系

配套系是指在专门化品系选育基础上，以几个组的专门化品系（多以 3 个或 4 个品系为一组）为杂交亲本，通过杂交组合试验筛选出其中的一个作为最佳杂交模式，再依此模式进行配套杂交得到产品——商品猪。广义的配套系是指依杂交组合试验筛选出的已被固定的杂交模式生产种猪和商品猪的配套杂交体系。配套系都有自己的商品名称。在国外猪中，有 PIC（Pig Improment Company）、迪卡（DeKalb，美国）、施格（Seghers，比利时）、达兰（Dalland，荷兰）、托佩克（IOPIGS，加拿大、美国）等。在我国，经国家畜禽品种审定委员会审定的 8 个猪配套系也都有其商品名称，如中育猪配套系、滇撒猪配套系、光明猪配套系等。

　　配套系商品猪、配套系种猪都是由固定的杂交模式生产出来的。推广的是依据相对固定的模式生产出的各代次种猪，故有以卜称谓：某配套系的曾祖代、祖代、父母代；某配套系的曾祖代、祖代、父母代种猪；某配套系的商品猪。

　　引进和饲养配套系的种猪时，一定要弄清楚代次及其配套模式，以确保充分发挥其正常的生产性能。如果自己的猪场计划生产某配套系的商品猪，就应该引进该配套系的父母代种猪；如果计划生产推广某配套系的父母代种猪，就应该引进饲养该配套系的祖代种猪。

　　配套系是数组专门化品系间的配套杂交，互补性强，杂种优势明显。同时，由于专门化品系的遗传纯度较高，因而商品猪的整齐度、产品规格化程度较好，从而有利于产业化发展，有利于"全进全出"，有利于商品代群体达到高产要求。因此，具有较高的商品价值，能带来显著的经济效益。例：四元杂交商品猪的四（品）系配套。

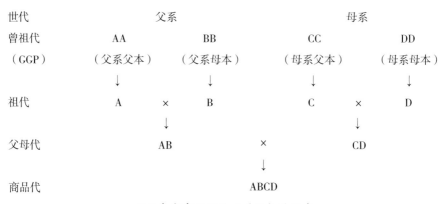

四元杂交商品猪的四（品）系配套

第二章　后备种猪选留与选购

一、后备种猪选留标准

后备种猪是指仔猪育成阶段结束到初次配种前的青年种用公、母猪。

（一）根据外貌选留种猪

1. 种母猪的体型外貌选留标准

①符合本品种特征。

②身体结实度好，前躯宽深，后躯结实，肌肉紧凑，有充分的体长，背线平直，四肢有合适的弯曲度，肢蹄粗壮、端正，有发育良好的腹线，体型整体结构良好。不能持久站立、直腿、八字腿和高弓形背等种猪利用年限短，不能做种。

体型结构良好的后备母猪

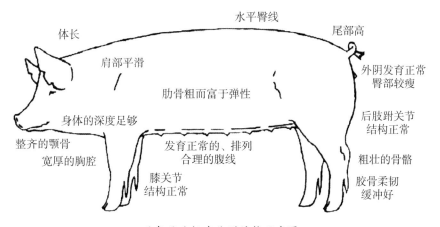

后备母猪标准体型结构示意图

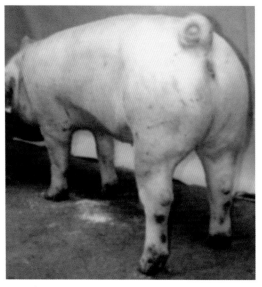

蹄裂严重

体长良好，后肢形状合适，背线平直，臀部结构良好

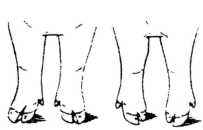

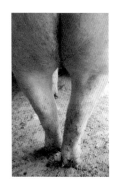

外八字腿　　　内八字腿

蹄卧系　　　　内、外八字腿结构示意图　　　　内八字腿

背线平直　　　　　　　　　　弓背

③阴户发育正常，较大形态；乳头发育良好、排列整齐、大小适中、间隙均匀、分布对称，正常乳头12个以上，沿腹底线对称分布，无瞎乳头、翻转乳头和副乳头。

发育良好的正常外阴

外阴发育不正常，阴户上翘

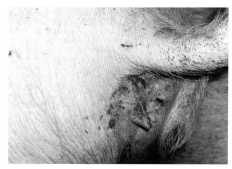

外阴发育不正常，阴户过小

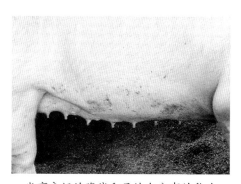

发育良好的腹线和呈均匀分布的乳头

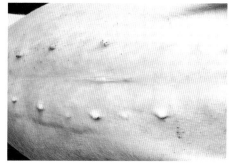

瞎乳头及乳头发育不良

2. 种公猪的体型外貌选留标准

①符合本品种特征。

②体格健壮，背腰平直、胸部宽而深，肌肉结实，强壮，肢蹄粗壮，形状良好，长短适中，有合适的弯曲度，体型整体结构良好。

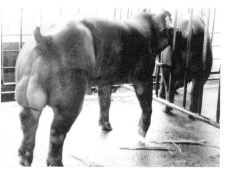

体型结构良好的后备公猪

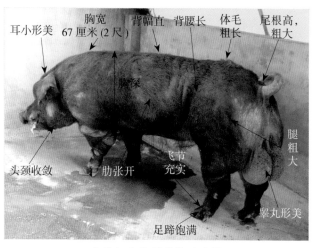

公猪标准体型结构示意图

③睾丸位置适中，发育正常，大小一致，腹部紧凑，无瞎乳头、副乳头等。不能选择睾丸大小不一致或有阴囊疝、脐疝等遗传疾患的作后备公猪。

睾丸发育良好（右）与发育不良（左）对照

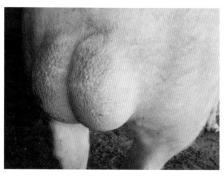

睾丸发育正常，大小均匀，对称

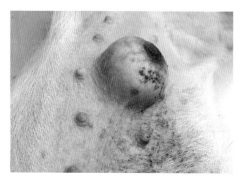

脐疝

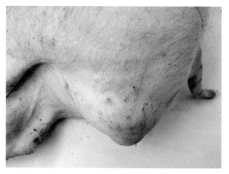

会阴部出现腹股沟疝

（二）根据发育快慢和生产性能高低选留种猪

选留发育良好、增重快和饲料利用率高、初生个体重大、断奶个体重大的猪作为种猪。

（三）根据亲代的生产性能好坏选留种猪

3代以内的生产性能好，说明其遗传性能比较稳定，用作种猪时，其优良的生产性能遗传给下一代的可靠性就更大。

（四）根据性能综合指数选留种猪

对计划选留的种猪开展性能测定，分为场内测定和中心测定站测定。根据《全国种猪遗传评估方案》要求，在个体相对一致的条件下，测定3个基本性状和12个辅助性状，主测的3个性状为总产仔数、达100千克体重日龄、100千克活体背膘。测定数据通过最佳线性无偏预测法（Blup）计算出估计育种值。然后根据育种目标制订的综合评定方法计算出性能综合指数。根据性能综合指数，参照系谱血统和体型外貌进行选留。

种猪性能自动测定系统

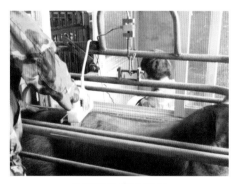

种猪活体背膘测定

ALOKA500 背膘测定仪

性能综合指数选择法比较全面地考虑了各种遗传和环境因素及育种效益的问题，能较全面地反映一头种猪的利用价值。估计育种值和性能综合指数计算工作由专业的育种软件（GBS育种软件）来完成。

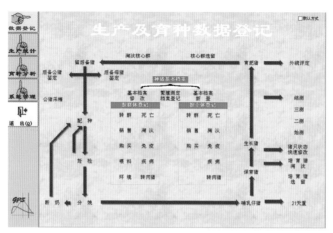

GBS 育种软件界面图

二、后备种猪选择方法

后备母猪须经多次选择，选择时期：断奶时、保育结束转栏时、4 月龄、6 月龄和初配前等。

①断奶时选择。根据育种计划配种的种猪后代，在断奶时采用窝选，即在父母都是优良个体的相同条件下，从产仔数多、哺育率高、断奶个体重大和断奶窝重大的窝中选留发育良好的仔猪，剔除有遗传缺陷（如雌雄同体、畸形、先天锁肛、疝气等）和不具有明显种用价值的个体，淘汰有疾病、生长发育受阻、体质弱小的仔猪。

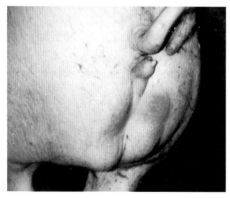

雌雄同体猪

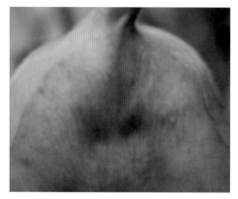

先天锁肛猪

②保育结束转栏时选择。保育结束时，继续采用窝选加个体选择，对保育期间显现出遗传疾患的猪整窝剔除，对无遗传疾患的同窝仔猪根据个体表现，淘汰生长发育受阻、体质弱小的个体。

③4月龄选择。4月龄时，各组织器官已经有了一定的发育，优缺点开始呈现，此时主要根据体型外貌，生长发育情况，外生殖器官发育的好坏，乳头的数量、大小及分布均匀度，肢蹄健硕情况等进行选择，淘汰生长发育不良和有遗传缺陷的个体。

④6月龄选择。重点考察性成熟的表现，外生殖器官的发育好坏以及肢蹄的发育情况，淘汰过肥、过瘦、发育不正常、不符合品种特征的个体。

⑤初配前选择。后备公、母猪在初配前进行最后一次挑选。淘汰个别生殖器官发育不良、性欲低下、精液品质差的后备公猪和发情周期不规律、发情症状不明显的后备母猪。

三、后备种猪选购和引种注意事项

①后备种猪的选购标准与后备种猪的选择标准相同。如果是纯种猪，应当要求场方提供含有3代以内系谱、主要性状性能测定结果等资料的种猪合格证，保证血缘关系清晰。不能选用近亲繁殖、血缘不清的种猪，特别是选择纯种公猪，还应要求提供种猪生产性能和场内测定的数据，包括总产仔数、100千克体重的背膘厚、达100千克体重的日龄、测定期的日增重和料肉比，以及相应的估计育

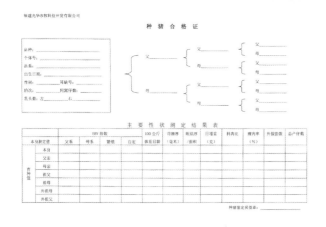

种猪合格证

种值、性能综合指数。

②应有完整的前期免疫档案和后续免疫程序，全面了解猪群健康状况。查阅主要疫病的抗原、抗体检测资料，确保引进的种猪健康。

③现场挑选拟选购的猪进行抽血化验，封存送检。最好做抗原检测，一般要求进行猪瘟、蓝耳病、伪狂犬病、口蹄疫病等重要疾病的野毒检测。

④引种前认真考察目标供种单位其他有关情况，主要有以下几项。

资质水平：正规种猪场都有种畜禽生产经营许可证和动物防疫合格证，并注明其所生产的种猪的代次、品种。资质水平因发证主管单位的级别不同而有差异。

种畜禽生产经营许可证

动物防疫合格证

建场时间：一般而言，猪场新建的时间越近，其健康安全程度越高。同时要考察供种单位是否曾经从非疫区引进种猪；如有引进，要弄清引进多少、引入后淘汰情况等。

供种能力：要了解供种场目前存栏生产母猪数量、存栏结构情况以及真实的可供种数量。

种猪性能：要了解所引进品种的繁殖性能、生产性能、适应性与市场反馈，向到该场引过种的用户咨询。

供种场的生物安全措施：种猪场是否远离人口密集与交通繁华的地带，能否确保种猪健康；防疫程序是否严密，人员、车辆、饲料及环境消毒是否严格；最近几年内有无发生过重大疫情。

技术团队和技术水平：如果种猪场连专业技术人员都没有，或者连专业育种员都没有，那么这个猪场种猪水平值得怀疑，应重新评估引种事项。

考察售后服务能力：有无建立完整的客户档案系统；能否确实提供售后相关技术的培训、技术资料和种猪质量问题的补偿等诸多方面的服务。

第三章　后备种猪精细化饲养管理

后备种猪与商品肉猪饲养目标不同，商品肉猪生长期短，追求的是快速生长和发达的肌肉组织，而后备种猪培育的是种用猪，不仅生存期长，而且还担负着周期性很强、几乎没有间歇的繁殖任务。因此，必须根据猪的生长发育规律，在其生长发育的不同阶段，控制饲料类型、营养水平和饲喂量，改变其生长曲线和形式，加速或抑制猪体某些部位和器官组织的生长发育，使后备种猪具有发育良好、健壮的体格，发达且功能完善的消化、血液循环和生殖器官，结实的骨骼、适度的肌肉组织和脂肪组织。

一、后备种猪饲养目标

1. 后备母猪饲养目标

7~8 月龄 90% 以上正常发情，第二或第三次发情期体重达 135~150 千克，P_2 背膘厚为 18~22 毫米，无肢蹄、乳房、乳头及生殖系统缺陷与损伤，无泌尿生殖道感染。

2. 后备公猪饲养目标

体格健硕，肢蹄强壮、端正，性器官发育正常，7 月龄性成熟时体重达 120 千克以上，95% 都能参与调教，8 月龄、体重达 130~140 千克时参与配种。

二、后备种猪精细化管理措施

1. 公、母猪分开小群饲养

后备种猪刚转入后备培育舍时，公、母猪均要按体重大小、强弱实行小群饲养，体重差异最好不要超过 2.5~4 千克，以免影响育成率。每头饲养面积不少于 2 米^2，饲养密度适当，可保证后备种猪的发育均匀和整齐度。避免出现饲养密度过高，影响生长发育，出现咬尾、咬耳等恶癖。

小群饲养

合理的饲养密度

2. 良好生活习惯的调教

对后备种猪要做好调教工作，使它从小就能养成在指定的地点吃食、睡觉和排泄粪尿的良好生活习惯，保持后备母猪后躯清洁，防止生殖道感染。

3. 适时调整猪群

后备种猪转入后备培育舍时应事先空置若干猪栏，在后备种猪培育过程中及时将那些受排挤、竞争力弱的猪隔离出来饲养，以保证后备种猪均衡发育，提高育成率。

后备种猪发育均衡

4. 适度运动、保护肢蹄

为了促进后备母猪的猪体发育匀称均衡，特别是四肢灵活坚实、体质健康，就要让它有适度的运动。最好采用带有运动场的半开放式的猪舍。为保护肢蹄，可在猪舍地面铺上软质垫料或垫草；采用生物发酵垫料饲养后备种猪，有利于保护种猪肢蹄。

带运动场的后备猪舍

生物发酵垫料饲养后备种猪

5. 做好保健、免疫和驱虫管理工作

后备种猪饲养过程中，在转栏或混群前后 1 周，或气候发生急剧变化时，或猪群存在发生群体疾病风险时，应及时在饲料中有针对性地添加药物和抗应激的功能性添加剂进行保健。

后备公猪在培育过程中，特别是在配种前，应定期清洁包皮内分泌物，防止棒状杆菌等细菌的隐性感染或带菌，进而防止配种时引起母猪感染而导致繁殖性能下降。

根据猪场制订的免疫程序及时、准确地进行各种疫苗的免疫工作。后备种猪除猪瘟、口蹄疫、伪狂犬病等必须强制免疫外，特别注意加强细小病毒病和乙型脑炎的免疫。同时每半年进行一次有针对性的抗体监测，以确保强制免疫的抗体水平合格。

在后备种猪转入后备舍 3 周左右驱虫 1 次，以后每隔 1.5~2 个月驱虫 1 次，并注意做好预防皮肤病工作。

6. 适应性驯化

后备种猪培育后期，用本场老母猪的新鲜粪便让其接触 1~2 个月。外购进场的后备种猪，在隔离观察 40 天以上，判定为安全后，用同样的方法，使其适应本场的微生物环境。

7. 及时转栏投产

当后备种猪培育饲养到约 7 月龄、体重达 110~120 千克时，母猪转入配种舍饲养，公猪转入公猪舍饲养。

8. 及时淘汰不合格的后备种猪

及时淘汰病、弱、残猪，经药物催情处理 3 次配不上的后备母猪。及时淘汰配种前发现不明原因的睾丸肿大的公猪，经治疗后精液品质仍不合格的后备公猪，布氏杆菌病检验 2 次阳性或有泪斑、歪鼻、流鼻血的公猪。

9. 后备母猪的发情调教

后备母猪转入配种舍后，应及时采取各种促进发情的饲养管理方法，尽快使其发情。具体措施如下：

①让它和成年母猪近距离接触。据统计，已达初情母猪，和成年发情母猪一起饲养，平均初情年龄为 190 天；未和成年发情母猪一起饲养，平均初情年龄为 219 天。

②让其观摩成年公、母猪交配的全过程。

③不间断用成年性欲旺盛的公猪轮番试情，每天两次，每次 10~15 分钟，直至观察到有反应为止，但不宜和公猪长时间接触。为了防止育成母猪被配种，应

加强监督。如果有条件，可把后备母猪赶到公猪处，以更有效地促进母猪发情。有试验报道指出，把公猪赶到母猪处10天内的发情率为57%，而把母猪赶到公猪处10天内的发情率为78%。

④定期加强对后备母猪耳根、腹侧和乳房等敏感部位触摸训练，这样既有利于以后的管理、疫苗注射，还可促进乳房的发育。

值得注意的是，准确记录青年母猪第一次的发情日期非常关键，这样才能推算出育成母猪的第二个或第三个发情日期，以便体重达到135~150千克时再进行配种。

10. 后备公猪的配种调教

当日龄达到7月时，应开始调教后备公猪，通过让其观看有良好性行为的成年公猪配种或人工采精全过程，并选择刚配好种还愿意接受公猪爬跨的经产母猪让其爬跨。配种调教要选择在早、晚空腹时进行，每次调教的时间限在15~20分钟。调教过程中，要耐心细致训练，不可用粗暴的动作对待后备公猪。调教尽可能在固定地点进行，地面应保持平坦、不光滑，

后备公猪观摩成年公猪采精全过程

以免滑倒损伤肢蹄。在自然交配时最好选用体格较小、产过多胎、站立稳定（静立反射好）、无攻击性的母猪。应尽量避免与攻击性的母猪匹配，否则将来的配种性能将会大大降低。

三、后备种猪环境控制

1. 后备母猪环境控制

要求圈舍干净卫生，干燥，温暖，无贼风。母猪舍的温度要求保持在15~28℃，空气相对湿度不能超过70%，否则容易患肢蹄病等，不利于母猪的健康。在高温季节，要特别注意防暑降温，加强通风散热。必要时用喷雾、水帘等来降低温度。高温对母猪繁殖性能的影响很大，必须高度重视。同样，低温对母猪的影响也很明显，需要做好防寒保暖工作。

2. 后备公猪环境控制

①公猪栏面积应不小于 8 米²/头，最小占地为 6 米²/头，适宜的温度为 15~25℃，超过 30℃的高温对后备公猪发育不利。空气相对湿度应控制在 60%~70%，氨气浓度应控制在 25 毫克/升以下。

②地面应防滑，有 2% 的坡度，便于清洗，不滞水，不损伤肢蹄。

③设置运动场，场地应为泥沙土，平坦。

3. 后备种猪光照管理

光照对猪的性成熟有明显影响，较长的光照时间可促进性腺系统发育，可提早性成熟；短光照，特别是持续黑暗，抑制性腺系统发育，可延迟性成熟。据报道，持续黑暗下的后备母猪性成熟较自然光照组延迟 16.3 天，比 12 小时光照组延迟 39 天。每天 15 小时（300 勒）光照较秋冬自然光照下培育的后备母猪性成熟提早 20 天。后备公猪从 20 周龄开始延长光照，26 周龄时有 73% 的公猪能采出精液，而自然光照的后备公猪只有 26% 采出精液。

光照强度的变化对猪性成熟的影响也十分显著，但要达到一定的阈值。研究证明，在光照强度不足时，延长光照时间对后备母猪性成熟无显著影响。进一步研究证明，同样接受 18 小时光照，光照强度 45~60 勒较 10 勒光照下的后备母猪生长发育迅速，性成熟提早 30~45 天。

建议后备种猪培育期间的光照时间不少于 14 小时，光照强度 100~150 勒。配种前后备母猪的光照时间应延长至 16 小时，光照强度提高到 350 勒，达到成熟日龄的公猪转入公猪舍后按照种公猪的光照要求执行。

光照管理的注意事项：

①勒（1x）是照度单位。照度是反映光照强度的一种单位，其物理意义是照射到单位面积上的光通量，10 勒相当于 5 瓦白炽灯泡在其正下方 2 米处获得的光照。

②光线以白光为宜，不宜用红光，一般用 100~600 瓦的白色荧光灯。

③灯泡安装要分布均匀，灯泡离猪活动地面要保持 1.8~2 米距离。最好安装灯罩，使光线分布均匀，利用率提高。灯具安装应稳定，不能因风吹而摇晃。

④灯光需要照到母猪的眼部，所以灯管需要安装在母猪栏中母猪头部上方，或者在它们的前方，而不是在母猪的背部上方。

⑤每天准时开灯和关灯，最好采用定时器控制开关灯时间，这样可以节省能源，又能节省人工。

⑥人工光照时有时无，光照时间时长时短，会影响光照制度的实施，扰乱种猪的生物学反应，应保证电源可靠、供电稳定。用电必须保证绝对安全。

⑦定期检查和清洁灯泡，损坏的灯泡要及时更换。猪舍尘埃很大，每4周清洁一次灯泡才能保证猪群获得有效光照。每年的7月份要更换灯泡。

四、后备种猪精细化饲喂

1. 营养需求

后备公、母猪料的主要营养要求见表3-1。与商品生长肥育猪同期饲料不同，后备公、母猪料含有适量的有机锌、有机硒（酵母硒）、有机铁和有机铬（200微克/千克）以及较高水平的生物素（1毫克/千克）和叶酸（3~4毫克/千克），以提高后备种猪的繁殖性能和改善肢蹄结构。严禁饲喂发霉饲料，应常规添加有效的霉菌毒素吸附剂，不宜使用棉籽、菜籽等饼粕，应以优质蛋白质为主。

表 3-1　后备种猪料主要营养成分需求推荐值

饲料种类	参照标准	净能（千卡/千克）	消化能（千卡/千克）	粗蛋白质（%）	可消化赖氨酸（%）	钙（%）	总磷（%）	有效磷（%）
后备母猪前期料	推荐标准（30~75千克体重阶段）	2475	3400	17.0	0.94	0.70	0.60	0.40
	NRC标准（第11次修订版）（参考50~75千克青年母猪，体增重866克/天的营养标准）	2475	3402	—	0.87	0.61	0.53	0.28
	行业标准 NY/T65-2004（参考35~60千克体重的营养标准）	—	3200	16.4	0.82	0.65	0.58	0.30
后备母猪后期料	推荐标准（75~140千克体重阶段）	2376	3300	15.5	0.81	0.65	0.55	0.30
	NRC标准（第11次修订版）（参考100~135千克青年母猪，体增重853克/天的营养标准）	2475	3402	—	0.64	0.49	0.45	0.23
	行业标准 NY/T65-2004（参考60~90千克体重的营养标准）	—	3200	14.5	0.70	0.59	0.53	0.27
后备公猪料	推荐标准（参考75~140千克体重阶段）	2445	3350	15.5	0.82	0.80	0.58	0.35

饲料种类	参照标准	净能（千卡/千克）	消化能（千卡/千克）	粗蛋白质（%）	可消化赖氨酸（%）	钙（%）	总磷（%）	有效磷（%）
后备公猪前期料	NRC标准（第11次修订版）（参考50~75千克青年公猪，体增重872克/天的营养标准）	2475	3402	—	0.88	0.64	0.55	0.30
后备公猪后期料	NRC标准（第11次修订版）（参考100~135千克青年公猪，体增重906克/天的营养标准）	2475	3402	—	0.73	0.57	0.50	0.27

注：本表中NRC标准中的有效磷为全消化道标准可消化磷。

2. 后备母猪精细化饲喂

①后备母猪25~30千克时（保育结束选择后），应与商品猪分开，转入后备母猪舍饲养。饲喂后备母猪前期料，自由采食。

②达75千克体重时改用后备母猪后期料，适度限制饲养至90千克，即75~90千克阶段适度限制饲养，该阶段日增重控制在700克左右。

③90~120千克阶段严格限制饲养，日增重控制在500克左右。当达到适配日龄和体重或在生产上发现同批后备母猪有发情症状时，开始增加饲料的喂量，将日粮增加到每头3.5千克。实际生产中让后备母猪在配种前21天自由采食，以达到提高发情率和增加排卵数的目的（表3-2）。

表3-2　配种前后备母猪的能量摄入对排卵数的影响

配种前的饲喂水平	高	低
试验数目	36	30
能量摄入（兆焦/天）	42.83	23.40
排卵数	13.7	11.8

后备母猪的饲喂应根据个体大小差异，实施个性化饲喂，控制膘情与体重。必须详细准确登记每头后备母猪第一次发情的时间，以判断加强饲喂（短期优饲或催情补饲）的起始时间和准确计算第二或第三个发情期的时间，以便安排配种计划。

3. 后备公猪精细化饲喂

①后备公猪30~75千克阶段,饲喂生长猪前期料或后备母猪前期料,自由采食。

②后备公猪75~90千克阶段,饲喂后备公猪料,适度限制饲喂,日增重控制在750克以内。

③后备公猪90~120千克体重,日增重应控制在550克左右,120~150千克体重的日增重应控制在500克左右,150~175千克体重的日增重应控制在400克左右。后备公猪同样应根据个体大小差异,实施个性化饲喂,以实现育成率的最大化。

五、后备猪初配年龄和体重

后备猪生长发育到一定日龄和体重,便有了性行为和性功能,称为性成熟。达到性成熟的母猪就具有繁殖能力,如果配种就能产生后代。后备猪达到性成熟的日龄和体重,随品种、饲养管理水平和气候条件等不同而有差异。

1. 后备母猪初配年龄和体重

后备母猪达到性成熟时虽然具有繁殖能力,但生殖器官仍处在生长发育时期,卵巢和子宫的重量仅有经产母猪的1/3左右(表3-3)。初次配种时适宜的年龄、体重和背膘厚度有利于终身生产性能的提高。对优良瘦肉型品种而言,初产母猪初情期平均为7月龄,因此建议后备母猪的初配年龄为7~8月龄,第二次或第三次发情时体重在135~150千克,P_2背膘厚为18~22毫米。相对于体重而言,初次配种时间应更加关注年龄。

表 3-3　母猪生殖器官的发育

器官	第一次发情时	开始配种时	经产母猪
卵巢重(克)	3.8	5.0	9.5
输卵管长(厘米)	23	25	30
子宫重(克)	150	240	450
阴道重(克)	35	45	65

成熟的后备母猪的子宫

适宜年龄配种（左）和过早配种（右）的后备母猪

2. 后备公猪初配年龄和体重

　　种公猪适宜的初配年龄，对提高利用率有着非常重要的作用。后备公猪在 8 月龄以上、体重达 130~140 千克以上时，经调教后可参加配种。其间一般每周使用 1~3 次，随着年龄的增长逐渐增加使用频率。在确定公猪是否开始性成熟方面，年龄比体重更重要。

育成青年公猪

第四章　种公猪精细化饲养管理

种公猪的饲养目标是最大限度地保证体质强壮、利用率高、性欲旺盛、精液量大、精子活力强、密度高。为了达到此目标，必须采取科学高效的管理措施。

一、种公猪精细化管理措施

①建立良好的生活制度。饲喂、采精或配种、运动等各项作业都应在固定的时间进行，利用条件反射养成规律性的生活制度，便于管理操作。

②单圈饲养。可避免咬斗而造成公猪损伤，每头公猪单圈面积不能小于 8 米^2，但长期单圈饲养的公猪会造成胆怯，影响配种和采精。因此，在不打斗的前提下也可以将公猪小群混养（2~3 头）或采用通透的栏栅隔离的单圈，使其互相可以"交流"。

③定期运动。加强种公猪的运动，可以促进食欲、增强体质、避免肥胖、提高性欲和精液品质。每天应坚持让公猪运动半小时至 1 小时。公猪生性懒惰，应有专人驱赶，最好有专用运动跑道。任意放养不可视为运动。在运动、配种或采精各环节间隔期间应保证公猪有足够的休息时间。

公猪环形跑道

④公猪舍地面应保持平整，不能有尖锐的突起，也不能过于光滑，以免损伤公猪的蹄部。地面最好能铺上一层干净的软质垫料，且每天更换。有经验的饲养员还可以定期给公猪修蹄，保证其躯体的正常姿势，有助于延长公猪的使用年限。

地面铺软质垫料

软质垫料（锯屑）　　　　　　　　软质垫料（碎草）

⑤定期检查精液品质。实行人工授精的公猪，每次采精都要检查精液质量。如果采用本交，每月检查精液品质 1~2 次，特别是后备公猪开始使用前和由非配种期转入配种期之前，要检查 1~2 次，严防死精或精液品质差的公猪配种。

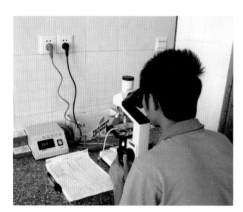
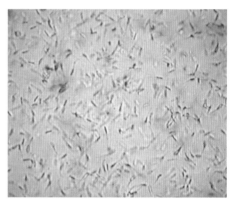

显微镜观察精子品质　　　　　　　显微镜下的精子形态

⑥掌握体重变化情况。种公猪应定期称量体重，可检查其生长发育和体况。根据种公猪的精液品质和体重变化来调整日粮的营养水平和饲喂量。

⑦防止公猪咬架。公猪好斗，如偶尔相遇就会咬架。如不能及时平息，会造成严重的伤亡事故。公猪咬架时应迅速放出发情母猪将公猪引走，或者用木板将公猪隔离开，也可用水猛冲公猪头部，将其撵走。

⑧定期做好保健、驱虫和免疫工作。种公猪防疫重点除猪瘟、口蹄疫外，应加强乙型脑炎、细小病毒病、伪狂犬病等繁殖障碍性疾病的免疫。按驱虫程序及时驱除体内外寄生虫。

患病公猪单侧睾丸发炎

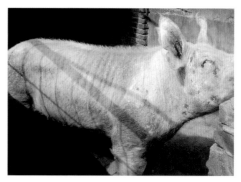

患有严重皮肤病的公猪极度消瘦

二、种公猪饲养过程注意事项

①避免发生关节疾病和肢蹄损伤，特别是传染性关节病，如链球菌病、副猪嗜血杆菌病、衣原体病、支原体病等。对肢蹄、皮肤损伤的种公猪要早发现早治疗，避免发生肢蹄感染。

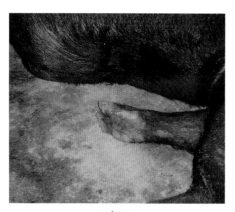

肢蹄损伤

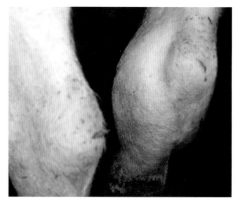

关节肿大

②要注意注射疫苗的部位是否发生脓肿，若发生要及时处理，并补免。

③防止性器官的损害。少量公猪有自淫行为，将阴茎与墙壁等硬物进行摩擦，造成性器官损伤；一旦发生，立即将其关入限位栏中，并及时治疗。禁止用性器官损伤的公猪从事交配和采精工作。

④每半月或每次配种或采精时清洁公猪包皮内分泌物，防止棒状杆菌等细菌隐性感染，避免因配种而引发母猪生殖道感染。

⑤配种或采精时间，夏季应安排在早、晚凉爽时段，冬季在气温较暖和的时段。

⑥不宜在喂饱后马上配种或采精，至少要间隔1小时以上。配种后不能立即冲水。

⑦饲养管理过程中应时刻注意公猪对人员潜在的安全威胁，应当温和地使用一块易操作的板和一根棍棒来促使公猪活动。如果公猪脾气坏，则

挤包皮积液

每6个月打一次獠牙，推荐使用铁锯，可在接近牙龈线处平滑地切断獠牙。

三、种公猪环境控制

①成年公猪适宜的温度为13~24℃，最适宜的温度为18~20℃，空气相对湿度为70%，注意高温、低温对公猪精液品质的影响。猪舍温度超过24℃，就开始产生应激反应，29℃是公猪产生热应激的临界温度，公猪在29℃以上环境中持续一段时间可能会造成不育。高温或低温均会使公猪的射精量减少和精液品质变劣，影响受胎率，这种表现在应激后5~6周出现。

②采取调整舍内环境的措施。在公猪舍与公猪身体接近的位置放置温湿度计，每隔1小时记录一次温度。猪舍内可设置湿帘负压通风系统、联合通风系统和空调加自动通风设施等，冬天可在舍内铺上垫草，使用电暖或水暖的水泥地板。

湿帘负压通风系统（风机）

湿帘负压通风系统（湿帘）

屋顶自动通风器（联合通风系统）

安装空调的公猪舍

③光照对公猪的繁殖性能也有影响，延长光照时间可提高公猪的性欲，增加光照强度可提高公猪的精液品质。据研究，延长光照时间到 15 小时，种公猪的性欲活动显著增加；在 8~10 小时的光照条件下，光照强度从 8~10 勒提高到 100~150 勒，公猪射精量、精子浓度都显著增加。建议公猪的光照时间为 14~16 小时，光照强度为 200~250 勒。

四、种公猪精细化饲喂

1. 种公猪营养需求

公猪代谢旺盛，体力和营养物质的消耗大，故所需要的营养水平要求较高。因此，要求营养全面，易于消化吸收。应含有适量的有机锌、有机硒（酵母硒）、有机铁和有机铬（200 微克 / 千克）以及较高水平的生物素。严禁使用发霉饲料，应常规添加有效的霉菌毒素吸附剂，不宜使用棉籽、菜籽等饼粕，应以优质蛋白质为主。公猪日粮中的主要营养成分应达到推荐值 (表 4-1)。

表 4-1　种公猪日粮主要营养成分需求推荐值

参照标准	消化能（千卡 / 千克）	粗蛋白质（%）	可消化赖氨酸（%）	钙（%）	总磷（%）	有效磷（%）
推荐	3180~3300	16~17	0.75~0.80	0.7~0.8	0.7~0.8	0.35~0.45
行业标准 NY65-2004	3100	13.5	0.55	0.7	0.55	0.32
NRC 标准（第 11 次修订版）	2402	—	0.51	0.75	0.75	0.33

2. 种公猪的饲喂

种公猪饲喂专用公猪料，一般都采取每天定时定量饲喂两餐的限量饲喂，而不采取自由采食的方法。种公猪料体积应小些，要少而精，品质高，营养全面。

种公猪每天喂料量 2~2.5 千克（依配种频率、个体大小进行调整）。采用湿拌料饲喂，每次饲喂完饲料后，供给充足的饮水。配种频率较高的公猪每天补充 2 个熟鸡蛋。有条件的可以考虑每天添加 1~1.5 千克优质青饲料。

五、种公猪的合理使用

种公猪的使用强度或每天的配种次数应根据年龄，有所不同，后备公猪 7 月龄、体重达 120 千克以上时参与调教。经调教后到 8 月龄体重达 130~140 千克时才可参加配种，不宜过早使用。8~12 月龄的公猪，每周配种或采精不宜超过 1~3 次，12 月龄以上的成年公猪，建议每周配种或采精 5~6 次。

在本交情况下一头公猪可负担 20~25 头母猪，人工授精可保持 1：400 头的公、母比例。

公猪的一般种用年限为 3~4 年（4~5 岁），2~3 岁为最佳时期。如种公猪使用合理，饲养得当，体质健康结实，膘情良好，可适当延长使用年限至 5~6 岁。

第五章　配种精细化操作技术

配种必须在最佳时间实施有效配种，实现最高的受胎率和产仔数。同时，必须规范操作，最低限度地避免配种引发的子宫炎等繁殖疾病。

一、配种方式

根据配种过程中公猪使用情况的不同，将配种的形式分为自然交配和人工授精两种。

①自然交配。俗称本交，指母猪在发情期间与公猪交配的性行为过程。自然交配包括自由交配和人工辅助交配，现有猪场采用的自然交配都是在配种人员的参与下，有计划地进行公、母猪交配的人工辅助交配形式。

自然交配

②人工授精。也称人工配种，是利用器械从公猪采集得到精液，用物理方法进行处理后，再输入母猪的生殖器官内，使母猪受胎的一种方法。

根据配种的次数和配种的对象不同，将配种的方式分为单次配种、重复配种、双重配种和 3 次配种等。

①单次配种。在母猪发情时只配一次，不管是本交或人工授精。这种方式的优点是可以充分利用公猪，使一头公猪与多头母猪交配；其最大的缺点是要求工作人员有较熟练的配种技术和丰富的配种经验，准确掌握母猪发情时机和排卵时间，否则就会影响母猪的受胎率和产仔数。此法在生产上不提倡使用。

②重复配种。在母猪的一个发情期内用一头公猪或它的精液（人工授精）配 2 次；两次配种的时间间隔为 8~12 小时。一般在母猪发情期间，输卵管中必须有足够数量和活力的精子，使卵巢中先后排出的卵细胞都能受精，增大受精机会。

③双重配种。在母猪发情时，用同一品种或不同品种的两头公猪或精液先后对同一头母猪进行配种。方法是，第一次用一头公猪或精液进行配种，间隔 8~12 小时再用另一头公猪或精液进行第二次配种。

④ 3 次配种。在母猪的一个发情期内，先后 3 次配种，3 次配种可以是同一头公猪、同一品种的 3 头公猪或 3 个不同品种的公猪或精液先后对同一头母猪配种。3 次配种能有效地提高母猪的受胎率和产仔数，但多次配种应注意操作时卫生和消毒，减少配种操作对生殖道的伤害和感染，降低阴道炎、子宫炎发生率。

二、配种场所

1. 自然交配场所

猪场应在空怀配种舍内或专用的配种栏内，为公、母猪提供一个适宜的配种场地，选择干燥、卫生、不易打滑的地板，避免使用潮湿而滑的地板，使猪只始终保持良好的站立姿势，避免交配时造成伤害。很多地面材料如人工草皮、橡胶垫子和沙等可用于配种场地；在地面上铺少量的锯屑或稻草，同样有助于配种时站立。

配种用的橡胶垫子

公、母猪在专用配种栏内配完种后，母猪应立即转入妊娠舍，实行单栏饲养或直接关到定位栏，避免其他母猪爬跨、咬斗等造成的应激，影响受胎率。

2. 人工授精场所

人工授精应把发情母猪转到专为人工授精而设的定位栏（配种栏）或直接转到妊娠舍的定位栏内，实施人工授精，不宜在小群饲养的空怀母猪栏中实施人工授精。

在专用配种栏内实施人工授精

三、配种时间的掌握

1. 决定配种时间的主要因素

①母猪发情排卵规律。成年母猪一般在发情期开始后 24~48 小时排卵，持续排卵时间为 10~15 小时，或更长一些时间。母猪的排卵高潮在发情后的第 26~35 小时。

②卵子保持受精能力时间。母猪在一个发情周期中排出的卵子达几十个，但卵子在输卵管中仅能保持 8~10 小时的受精能力。

③精子前进的速度。精子进入母猪生殖道后，需要 2~3 小时方可通过子宫角而达到输卵管。

④精子在母猪生殖器官内保持持续受精的时间一般为 10~12 小时。

2. 不同类型母猪配种或输精时间

由上述 4 个关键因素可知，最适宜的配种时间应为母猪排卵前的 2~3 小时，即在母猪发情开始后的 19~30 小时，幼龄母猪还要延迟些。群众的配种经验是"老配早，少配晚，不老不少配中间"。

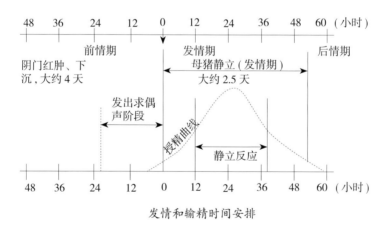

发情和输精时间安排

不同类型母猪配种或输精时间安排如下：

①断奶后 3~4 天发情的经产母猪，发情压背时出现呆立反应后 24 小时第一次配种或输精，再间隔 8~12 小时第二次配种或输精，再间隔 8~12 小时选择性第三次配种或输精。

②断奶后 5~7 天发情的经产母猪，发情压背时出现呆立反应后 12 小时第一次配种或输精，再间隔 8~12 小时第二次配种或输精，再间隔 8~12 小时选择性第

三次配种或输精。

③断奶后 7 天以上发情的经产母猪，发情压背时出现呆立反应后立即配种或输精，再间隔 8~12 小时第二次配种或输精，再间隔 8~12 小时选择性第三次配种或输精。

④后备母猪，发情压背时出现呆立反应后立即配种或输精，再间隔 8~12 小时第二次配种或输精，再间隔 8~12 小时选择性第三次配种或输精。

⑤返情母猪或用激素催情的母猪，发情压背时出现呆立反应后立即配种或输精，再间隔 8~12 小时第二次配种或输精，再间隔 8~12 小时选择性第三次配种或输精。

适时配种时间应结合发情特征，主要特征为母猪的阴户由肿胀变为微皱，外阴户由潮红色变为暗红色，分泌物变清亮透明、黏度增加。此时母猪允许压背而不动，压背时母猪双耳竖起向后，后肢紧绷。

四、自然交配精细化操作技术

①公、母猪交配前，配种员应事先挤掉公猪包皮中积尿，并用甲酚皂（来苏尔）或苯扎溴铵（新洁尔灭）消毒液，对公、母猪的阴部清洗消毒。

②密切关注公、母猪的发情表现。当发情公、母猪赶在一起相遇时，公猪嗅母猪的生殖器官；母猪嗅公猪的生殖器官；头对头接触，发出求偶声，公猪反复不断地咀嚼，嘴上泛起泡沫并有节奏地排尿；公猪追随母猪，用鼻子拱其侧面和腹线，发出求偶声；母猪表现静立反应；公猪爬跨。

③当公猪爬到母猪躯体上后，应当人工辅助公猪，此时配种员应一手拉起母猪尾巴，另一手握成环状指形，引导阴茎顺利插入母猪的阴道内，避免阴茎插入肛门。

④当公猪阴茎确实插入母猪阴道内后，配种员要详细进行观察，注意公猪有无射精动作。当公猪射精时，其阴茎停止抽动，屁股向前挺进，睾丸收缩，肛门不断地颤动；在射精间歇时，公猪又重新抽动阴茎，睾丸松弛，肛门停止颤动。交配和射精过程要花很长时间，不能中途将公猪赶下来，应耐心等待。公猪从母猪身上下来时，有少量的精液倒流，属正常现象。

对前一胎产仔数少或整群产仔数偏少、发情异常的母猪在第一次配种的同时注射促排 3 号，可增加母猪排卵数及产仔数。

⑤配种完毕后，要驱赶母猪走动，不让它弓腰或立即躺下，以防精液倒流；同时，配种后也要让公猪活动一段时间再赶回猪舍，以免其他公猪嗅到沾有发情

母猪的气味而骚动不安。

⑥配种应在早晨或傍晚饲喂前1小时进行,以在母猪圈舍附近或专用的配种栏内为好,绝对禁止在公猪舍附近配种,以免引起其他公猪骚动不安。

五、人工授精精细化操作技术

(一)人工授精的基本设备和设施

人工授精的基本设备和设施主要有:恒温冰箱、恒温箱、恒温水浴锅、双重蒸馏水机、显微镜、恒温磁力搅拌器、输精瓶或输精袋、输精管、运送精子的保温箱、分光光度计和精子密度仪。

恒温冰箱

恒温箱

恒温水浴锅

双重蒸馏水机

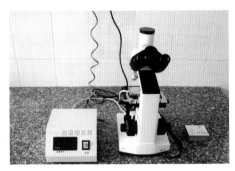

显微镜

输精瓶和输精袋

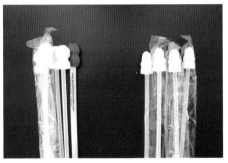

常规输精管（左）和后备母猪使用的尖头
输精管（右）

运送精子的保温箱

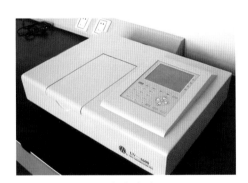

分光光度计

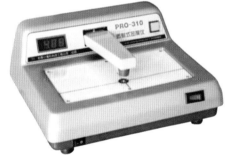

精子密度仪

（二）精液采集操作规程

1. 采精器械的准备

①假台畜。要求牢固，并能根据猪的体型大小进行上下调节，同时铺上麻袋
或软性垫层等使猪感到舒适，使其处于最佳采精状态。

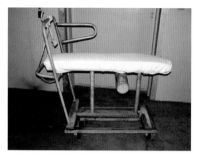
可调节的假台畜

软性垫层（假台畜上用的垫子）

②集精杯。集精杯可用一次性无毒塑料杯或泡沫杯，也可用保温杯，放上集精袋和过滤纱布，放到恒温箱预热到35~37℃，避免精子受到温差的影响。上方以数层纱布覆盖，以滤去公猪射出精液中的胶状物。把预热好的集精杯放入保温的精液运送箱中，放到采精房中安全且容易拿到的地方。

集精杯等物品

2. 采精过程

①饲养员将待采的公猪赶至采精房，采精员清洁干燥双手，带上双层采精手套（不能用带有滑石粉的乳胶手套，不能用聚氯乙烯手套），用0.1%高锰酸钾溶液清洗其腹部和包皮，挤出公猪包皮积液，按摩公猪包皮部，并用温水清洗干净，再用干净的纸巾擦干，避免药物残留对精子的伤害。

②引导公猪爬跨假台畜。

③把集精杯从精液运送箱中取出。

④公猪爬跨假台畜后，逐步伸出阴茎，采精员应脱掉外层手套，用手将公猪阴茎龟头导入空拳。

⑤用手（大拇指与龟头相反方向）紧握伸出的公猪阴茎螺旋状龟头，顺其向前冲力将"S"状弯曲的阴茎拉住，轻轻握紧阴茎龟头防止其旋转，施加适当压力即可射精。注意采精时阴茎必须与地面保持平行，避免积尿等导致精子死亡。

⑥第一次射出的清亮液体（约2.5毫升）不要采集，当奶油状白色的液体流出来时，开始用集精杯收集精液（集精杯要高于包皮部），直至公猪射精完全停止。

在公猪射精完成前不要放松阴茎，否则会使公猪受挫而影响性功能，甚至会导致危险。

⑦采精完毕后要在集精杯外面贴上记录公猪号、采精时间的标签。

⑧马上把采好精液的集精杯放入保温箱中，不要拿掉过滤纱布，把保温箱放在移送窗口，送至专门的精液稀释实验室。

采精

专门用于移送精液的窗口

⑨让公猪自己从假台畜上下来，不要推它或催它，以免产生不必要的损伤。

⑩让公猪稍作休息后，赶回公猪舍。

⑪采精过程中不能殴打公猪，防止出现性抑制。采精员应注意安全，一旦出现公猪攻击行为，应立即逃避至设置有安全防护栏栅的安全角落。

⑫每天采精完毕后及时清洗、消毒采精房。

采精室设置安全防护栏栅

3. 采精过程注意事项

①精液受污染的危险主要来自包皮的积液、包皮囊上掉下的粪尘和皮屑。应特别注意采集过程中避免受污染而降低精液的质量。

②温度的急剧变化对精液的质量损害很大，因此精液的采集过程中应特别注意。

③采精时应避免阳光直接照射精液。

④采精可能花费5~20分钟，要有耐心，不能催促，特别是在射精完全停止前不能放松阴茎，应让公猪感到愉悦、舒畅。

（三）精液品质检查操作规程

①精液移送到实验室，去除过滤层，擦拭集精杯，严防精液被污染。

②称精液量。称量采精收集的精液，并按1克约等于1毫升的标准计算精液量。

擦拭集精杯，以防被污染

精液称重，为稀释做好准备

③观察颜色。正常的精液呈乳白色或浅灰白。精子密度越高，色泽愈浓，其透明度愈低。如带有绿色或黄色以及淡红色或红褐色，这样的精液应舍弃不用。

④闻气味。猪精液略带少许腥味，如有异常气味，应废弃。

⑤检查精子活力。精子活力是用呈直线运动的精子百分率来表示。准备已预热

取一小滴精液放在载玻片上，以备观察

到35℃的载玻片，用滴管吸一滴精液，用盖玻片均匀地盖住液面，用100倍或400倍的显微镜检查。一般按0.1~1的10级评分法进行，鲜精活力要求不低于70%。

⑥检查精子密度。精子密度是指每毫升原精液中所含的精子数，是确定稀释倍数的重要指标。用精子密度仪或分光光度计检测。

⑦检查精子畸形率。畸形率是指异常精子的百分率，一般要求畸形率不超过18%。通过显微镜观察可计算出活精子的畸形率。

⑧真实、准确填写精液品质检查登记表。

（四）精液稀释操作规程

精液稀释的目的是使一头公猪的繁殖力比自然交配扩大很多倍，而且受胎率并不下降。最常用的稀释后输精量为100毫升，其中含活精子数为40亿个。

如果使用子宫内输精，输精量可以减半。

①正确选择稀释粉。稀释液的要求是对精子的活力、受精能力以及单个精子的总存活能力没有影响。配制精液稀释液时，必须用高质量的蒸馏水和稀释粉，蒸馏水可购买或自行制作。有 3 种不同类型的稀释粉，可根据用途选择正确的种类：短效稀释粉，稀释好精液后 24 小时内用掉；中效稀释粉，稀释好精液后 4 天内用掉；长效稀释粉，稀释好精液后 8 天内用掉。

②对精液进行标识。把采集好的精液放进预热好的烧杯中，贴上标签。

③计算稀释倍数及分装的头份。用标准的计算公式计算能分装的头份数和需要加入稀释液的数量。

$$稀释倍数 = \frac{精液量(ml) \times 精子密度(\times 10^6/ml) \times 精子活力(\%) \times [1 - 异常精子(\%)]}{4000 \times 10^6 \ 个单次输精所需的最少有效精子数}$$

④稀释精液时，应将精液与稀释液温度调节一致。一般先将精液和稀释液放在同一室温中调温，温度保持在 30~35℃。两者相差不能超过 0.5℃，以防止温度变化对精子的破坏。

⑤加入稀释液。把混合好的精液慢慢倒入输精瓶或精液袋中，轻轻搅动，充分混合。

同步测量精液、稀释液的温度

稀释精液

轻轻搅拌精液

⑥精液的分装。正常每头份容量为 100 毫升或根据需要量进行分装。分装后盖上输精瓶盖或封好精液袋的口，贴上相应的标签，慢慢冷却。

（五）混合精液技术

混合精液技术是指将2头或2头以上公猪精液混合后输精的技术。混合精液处理有两种方法：一种是将2头或2头以上的新鲜精液按1：1稀释混合计算精子密度，再加入所需的稀释液；另一种方法是将每头公猪的新鲜精液稀释到终浓度后再进行混合。

混合精液的优点是可提高实验室中精液处理效率，可使2~6头公猪精液混合同时处理，有助于减少公猪间遗传上受精能力的差异对受精效果的影响，有提高母猪受胎率和产仔数的趋势。但有时2头公猪精液混合后，受精能力有可能反而降低，因此应注意检测精液混合后精子的活力是否下降。如果下降，说明某一头公猪的精液不宜与其他公猪的精液混合，当然这种情况出现的概率较低。

（六）精液的贮存、运送和使用

对4小时以后才使用的精液，必须放入17℃的恒温冰箱中保存。在贮存的过程中，精子会沉淀下去，每隔24小时以180°的角度慢慢转动输精瓶或输精袋。

恒温冰箱中不要放置过多的袋装或瓶装精液，靠近温感探头的位置不要放，否则会影响温度的稳定。温度计要插入放有水的精液瓶内测定温度，才能代表保存精液的实际温度。

放入恒温冰箱保存

运送时，把分装好的精液从恒温冰箱中取出，放入保温箱中送至配种区域；使用时从保温箱中取出慢慢升温。

（七）输精操作规程

1. 输精操作步骤

输精是人工授精最后一个技术环节，适时而准确地把一定量优质精液输到发情母猪生殖道内适当部位，这是得到较高受胎率的一项重要工作。

①精液检查。从17℃恒温冰箱或保温箱中取出精液，轻轻摇匀，取1滴精液放在载玻片，置于37℃水浴锅中预热或直接在恒温载物台上加热。用显微镜检查活力，精液活力大于或等于70%，才可进行输精。低温保存的精液，待精子复苏，检查活力后方可输精。

②将需要输精的母猪赶到特定的配种栏或定位栏，配种员通过压背和抚摩腹

部两侧及乳房，给母猪进一步的刺激。

③将一头性欲强的成年公猪，赶至配种栏旁边，使母猪在输精时与公猪口鼻部接触。公猪在促进母猪静立，保持较好交配姿势方面所起的作用很大。在没有公猪的情况下，大约只有50%的发情母猪对饲养员的骑背试验反应正常。当公猪存在时，或者公猪能被母猪听到或嗅到，这个比例达到或超过90%。公猪的唾液包含有一种气味的性外激素，这种气味可引起母猪发情，刺激母猪作出交配姿势。为了引出静立反应，不要一上来就压母猪的臀部，而应该仿效公猪，用手肘按压背部，用手摩擦母猪的腹股沟部，或用膝盖顶母猪的侧腹部，紧紧抓住腹股沟部，然后按压母猪的臀部。重复以上动作数次，改变力度大小，以使母猪适应。

按摩母猪

④输精人员消毒清洁双手。

⑤准备好输精所需材料：记录本、纸巾、一次性手套、润滑剂、一次性输精管、放在保温箱中的精液、清洗外阴部的材料。

⑥输精前用0.1%的高锰酸钾溶液洗涤母猪外阴部，并用干净纸巾擦干。

⑦从塑料袋中取出一次性输精管，在输精管头部涂上润滑剂。

清洗消毒外阴部

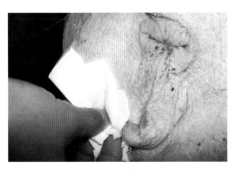

纸巾擦干外阴部

用润滑剂润滑输精管头部

⑧将输精管稍微向上倾斜45°，插入母猪的阴道。当插入25~30厘米时会感到有一点阻力，此时输精管已达到子宫颈口，再稍微用力旋转则进入子宫颈的第2~3皱褶处，再轻轻回拉看是否被锁住，如锁住即可输精。子宫内输精用的输精管与常规输精管的区别在于子宫内输精用的输精管顶部内置一段长约12厘米的软质橡胶管。当输精时，在输入精液压力的作用下，橡胶管会自动弹出，伸入子宫内，将精液导入子宫内。

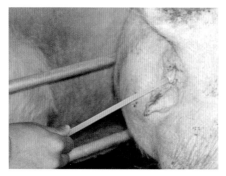

输精管向上倾斜45°插入阴道内

子宫内输精用的输精管（右为使用后的形状）

⑨从保温箱中取出精液瓶，慢慢转动，以混合精液和稀释液。用剪刀剪掉盖子的顶端或用手扒开盖子。

⑩把精液瓶插入输精管中，排净输精管内的空气，尽量抬高输精瓶，使精液自然流入母猪体内。

⑪ 输精员反向坐在母猪背上，用食指按压摩擦母猪阴蒂，刺激阴道和子宫收缩，将精液吸入体内。熟练的输精员可同时开展整批发情母猪的同步输精工作，以提高输精效率。

输精员反向坐在母猪后背上输精

同步输精

⑫调节输精瓶的高低来控制输精速度，输精时间要求3~5分钟。输完一头母猪后，应在避免空气进入母猪生殖道的情况下，把输精管后端一小段折起，用精液瓶倒扣固定，使其滞留在生殖道内3~5分钟，然后用手轻轻地将输精管旋转拉出。千万不能让母猪自由甩出。

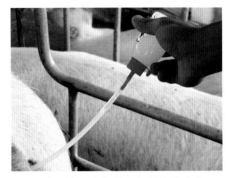

调节输精瓶的高低来控制输精速度

⑬输精后，立即将输精管、精液瓶等收集统一处理。不宜随意丢弃，以免堵塞排粪沟并影响环境卫生。

2. 输精过程注意事项

①后备母猪和过肥经产母猪应采用专用尖头输精管。

②后备母猪阴户柔嫩，输精时动作一定要温柔。个别母猪反应极兴奋，应通过与公猪亲密接触或背部、腹部和乳房按摩，使其安静，达到良好的输精状态。

③在拔出输精管时，要双手握住，往与插入锁住子宫颈时旋转的相反方向轻轻旋转，缓慢向外拉出。如阻力过大，切勿硬拉，以防对母猪子宫颈口和阴道造成损伤。

第六章　经产和初产母猪精细化饲喂

母猪的生产繁殖是从配种—妊娠—分娩、哺乳—断奶—空怀—发情—配种，这样一个不间断的连续循环进行的繁殖周期。为便于饲养策略的建立，一个繁殖周期通常分为妊娠期、哺乳期、空怀期（断奶再配种间隔），每个阶段都具有明确的任务

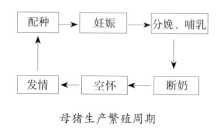

母猪生产繁殖周期

和不同的特点。因此其饲养管理和饲喂策略应具有很强的针对性。

一、猪采食行为规律

猪的采食行为具有一定的规律。在不同月份、不同的季节，其采食时间和采食的次数（频率）有一定的差别和不同特点，并有一些规律可循。如果能够很好地利用猪固有的采食行为特点和规律，实施科学的饲喂，对提高猪的采食量有一定的帮助。

福建光华百斯特公司利用全自动生产性能测定系统，在自然的光照条件下，对 40~110 千克的公猪开展长达 5 年 10 批猪的测定研究，结果显示：猪每个月采食开始（采食次数增加）的时间、采食次数（频率）最多的时间段和采食开始减少（采食次数减少）的时间等都有一些不同，且各行为时间阶段的区分比较明显。例如：在每年的 5~9 月，基本上每天早上 4：00~4：30 猪采食活动频率开始增加，晚上 19：30~20：00 猪采食活动频率开始减少，5：00~10：00 和 16：00~17：30 两个时间段是猪采食活动频率最高阶段，也就是猪自觉采食行为相对集中的时间段；在 10 月到第二年 4 月，基本上每天早上 5：00~6：00 猪采食活动频率开始增加，晚上 18：00~19：00 猪采食活动频率开始减少，6：00~11：00 和 15：30~17：00 两个时间段是猪采食活动频率最高阶段。这说明在 5~9 月份天气炎热的季节，上午猪开始增加采食的时间比 10 月到第二年 4 月提早 1 个小时，下午推迟 1 个小时；上午采食高峰时间段也相应提早 1 个小时，而下午推迟 0.5 小时（也缩短 0.5 小时）。

二、妊娠母猪精细化饲喂

根据妊娠母猪生理变化和胎儿在母体内生长发育变化规律，可将妊娠期分为4个阶段，实施不同的饲喂策略。

1. 配种后到妊娠42天

母猪配种后应立即严格控制其饲喂量，尤其应避免高能量的摄入，因为这一阶段高水平的饲喂会影响胚胎的着床和成活率（表6-1、表6-2）。根据胎儿在母体内的生长变化规律，在妊娠的前42天，推荐的平均喂料量为1.5~2千克/天。可根据不同个体体况大小不同，作适量的调整。

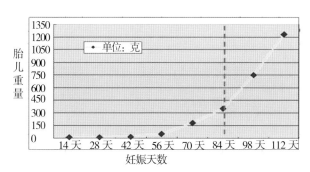

胎儿在母猪体内的生长曲线

表6-1　怀孕早期的饲喂水平和胚胎成活的关系

饲喂水平	高	低
排卵率	15.4	15.5
活胚数	11.8	12.7
胚胎成活率（%）	77	82

表6-2　怀孕早期的饲喂水平对血清中孕酮水平和胚胎成活率的影响

饲喂水平（千克/天）	血清中孕酮水平（纳克/毫升）	胚胎成活率（%）
1.5	16.7	82.8
2.25	13.8	78.6
3	11.8	71.9

2. 妊娠 43~56 天

妊娠 43~56 天期间，可增加少量饲喂量，每天每头母猪增加 0.2 千克左右。

3. 妊娠 57~85 天

妊娠 57 天起，在原有基础上，再增加 0.2~0.25 千克，维持该水平饲喂量至妊娠 85 天。

4. 妊娠 86~112 天

根据胎儿生长发育规律，妊娠 50 天时胎儿平均体重不足 100 克，90 天时为 500 克左右，到 110 天已达到 1000 克左右，因此胎儿初生重的 2/3 是在妊娠 86 天至分娩这段时间获得的。妊娠 86~112 天，由于胎儿发育迅速，为保证母猪良好的体况和仔猪的初生重，应逐渐增加饲喂量 0.5~1.0 千克/天。特别是 98~112 天，是胎儿生长最快的时间，每天增重达 90 克左右，调控该阶段的饲喂量水平是控制仔猪出生体重的有效手段。初产母猪，通过该阶段科学的饲喂，可有效地控制仔猪的初生重，避免了胎儿过大造成的难产损失。

妊娠 80~95 天是母猪乳腺高速发育期和关键期。妊娠 80 天前乳腺增长并不显著，每天乳腺的蛋白质增加量仅为 0.41 克，而妊娠 80 天后显著加快，每个乳腺蛋白质增量为 3.41 克/天，比 80 天前快约 24 倍。若在妊娠 85 天开始大量增加高能量饲料的饲喂量，会导致母猪乳腺里面脂肪沉积过多，影响乳腺的正常发育，造成哺乳期的奶水不足。因此妊娠 85~90 天时喂料量增加的幅度不能太大（每天增加 0.5 千克），而且最好使用妊娠母猪料（轻胎料）。妊娠 91 天（一胎青年母猪可以推迟到妊娠 95 天）开始较大幅度地增加喂料量（即俗称"攻胎"），并改喂能量和蛋白质含量及氨基酸水平都比较高的哺乳母猪料或重胎母猪料。

妊娠期的饲喂量与哺乳期母猪的采食量呈负相关。妊娠期平均喂料量过大，会造成哺乳期的采食量下降（表 6-3），从而影响泌乳性能和后续的生产性能。妊娠

表 6-3　妊娠期饲喂水平对哺乳期采食量的影响

妊娠期的饲喂水平（千克/天）	哺乳期的采食量（千克/天）	
	第一窝	第二窝
1.6	5.9	5.9
1.8	5.7	6.1
2	5.8	5.9
2.2	5.2	5.2
2.4	5.2	4.8
2.6	4.9	4.7

期的饲喂应在总量控制的基础上（限制饲喂），合理分配各妊娠阶段的饲喂量（表6-4）。由于妊娠母猪存在个体间体重和膘情的差异，实际生产上应根据每个个体的不同，按照其胚胎发育的规律，实施差异化、精细化、个性化的饲喂策略。

表6-4 整个妊娠期的饲喂推荐量

妊娠天数（天）	0~42	43~56	57~85	86~112	平均值
饲喂量（千克）	1.5~2	1.7~2.2	2.2~2.7	3~3.7	2.01~2.55

三、分娩及哺乳母猪精细化饲喂

预产期前3天（妊娠112天），为减轻分娩母猪的负担，降低腹压，同时预防乳房水肿，可适当减少母猪的喂料量，并采取少量多餐的饲喂方法。减少幅度应根据母猪的体况、食欲和分娩反应情况而定，不宜一刀切地大幅度降低饲料量。对于分娩反应不是很强烈，食欲仍然很好，乳房未见水肿症状的健康母猪不用减少喂料量。

母猪分娩后的饲养关键在头一周，要细心、周到，让母猪尽快恢复，保证初乳的质与量，以提高仔猪的免疫力和健康水平。因此产后4小时内务必赶起母猪，让其饮水；产后6天内母猪要执行6餐制，少量多餐。分娩当天大部分母猪不喜欢吃料，也不宜喂食太多饲料，从分娩后第一天起每天逐渐加料，第四天起全量给料，尽量多喂，仍然坚持每天至少要喂6次，或让其自由采食。这样做的目的，减轻一次性采食大量饲料加重母猪消化系统的负担。喂料量看母猪的产后恢复情况而定，不要一刀切，只要每次喂的时候都能够吃掉就可以慢慢多喂点。第七天起可以改为喂4餐。特别强调，为刺激母猪采食，每次喂料时必须把母猪赶起来吃料和饮水，特别是分娩后头一周，由于母猪此时因分娩体能消耗大，体力弱，体乏，不愿意起来，因此必须人为把它赶起来。

值得注意的是，有些母猪分娩后就有很强的食欲，如采用逐渐加料的饲喂方式，它会变得不安静且会对初生仔猪造成危险。因此分娩后的饲喂量应按照不同母猪的食欲来调整。哺乳母猪的饲喂推荐量见表6-5。

母猪进入产房后，可在哺乳料或饮水中添加抗应激的功能性添加剂，如维生素C、电解质、电解多维等。也可根据具体情况进行药物保健，以利于猪的健康。尽量使用湿拌料，减少环境改变和转栏对猪造成的应激。哺乳期间也可给仔猪单独设置专用的饮水加药器。

表6-5　哺乳母猪产后饲喂推荐量

日期	总量（千克）
分娩当天	0~1
分娩后第一天	1.5~2
分娩后第二天	2~2.75
分娩后第三天	2.5~3.5
分娩后第四天	全量供应

母猪哺乳期间的采食量对泌乳性能和母猪体重的损失关系密切。若母猪在整个哺乳期间每天多吃1千克饲料则可减少失重7千克。哺乳期间母猪体重的损失又对母猪断奶后再发情的间隔时间影响很大。体重损失越多，断奶到再发情的间隔时间越长，下一胎排卵的数量越少。因此，应努力使哺乳母猪有最大的采食量和最小的体重损失。

饮水加药器

自动加药器

四、断奶及空怀母猪精细化饲喂

母猪断奶后转入配种舍，按体重大小、体况差异分类、分群饲养。由于这一期间，饲喂量对断奶到再发情间隔时间的长短以及排卵数的多少有很大的影响，因此空怀母猪的饲养应根据母猪断奶时的体况实施有针对性的、个性化的饲喂策略。

1. 适宜膘情的空怀母猪

体况相对标准的母猪，断奶后的喂料量可以适当比断奶前少一点，但也要保证每天在 3 千克以上。断奶后应继续饲喂哺乳母猪料或专用的空怀母猪料。如果能够提供一些青绿饲料更好，有利于促进空怀母猪发情排卵，为提高受胎率和增加产仔数奠定物质基础。

适宜膘情的母猪体况

奶水充足的母猪断奶时乳房形态

2. 过瘦的空怀母猪

对那些哺乳后期膘情不好、过度消瘦的母猪，由于它们泌乳期间消耗很多营养，体重减轻很多，特别是那些泌乳力强的个体减重更多，这些母猪在断奶前已经相当消瘦，断奶后同样继续饲喂哺乳料或专用的空怀母猪料（两种料的营养水平差异不宜过大），喂料量不能减少，最好采用自由采食，使其尽快恢复体况，尽早发情配种。

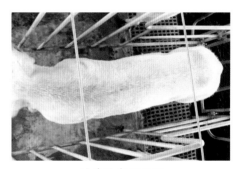

过瘦的空怀母猪

3. 过胖的空怀母猪

有些母猪断奶前膘情相当好，这类母猪多半是哺乳期间采食好，带仔头数少或泌乳力弱，在泌乳期间体重损失少。过于肥胖的母猪贪吃贪睡，发情不正常。对这类母猪断奶前后都要少喂配合饲料，多喂青粗饲料，加强运动，使其恢复到适度膘情，尽早发情配种。不管是

过胖的空怀母猪

过瘦还是过胖的母猪，将体况恢复到标准状态是一个漫长的过程，大约需要 6~12 个月时间，所以最好的办法是通过精细化、个性化的管理，防止母猪过瘦或过胖。

五、初产母猪精细化饲喂

初产母猪存在三大问题：仔猪初生重小，活力较低，初产母猪哺乳性能相对不如经产母猪，初乳抗体少，仔猪易生病，仔猪成活率相对较低；哺乳期间采食量较少；断奶后发情延迟或不发情。针对这些问题，须采取如下饲喂策略：

（1）初产的青年母猪应集中饲养，配种后 28 天前的妊娠早期，饲喂专用的后备母猪育成期料或初产母猪妊娠料，能量应比正常的经产母猪妊娠料高出 0.5 兆焦 / 千克（初产母猪的消化能 13.5 兆焦 / 千克），最适标准回肠可消化赖氨酸水平为 0.67%（赖氨酸 6~8 克 / 天），但每日采食量不得超过 2 千克，以确保胚胎存活率最大。妊娠中期继续使用初产母猪妊娠料或经产母猪妊娠料，通过增减喂料量来调节母猪的营养摄入，妊娠后期改喂初产母猪哺乳料。值得注意的是，初产母猪妊娠后期（90 天后）增加采食量会降低哺乳期第一周的采食量，而经产母猪不会，因此初产母猪后期饲喂时只要按正常增加饲喂量即可，不宜大量盲目地增加喂料量。

（2）初产母猪可以在泌乳期通过动用脂肪和肌肉降低体重，而经产母猪主要靠减少脂肪减轻体重，因此要在泌乳期维持相同的体重和脂肪厚度。初产母猪的能量要求明显高于经产母猪泌乳阶段的日粮水平，消化能应为 14.5 兆焦 / 千克，赖氨酸 10 克 / 千克。饲喂量在泌乳期间从分娩开始应逐步增加，最后全量供应，自由采食。

（3）有些产仔数多、泌乳力强的初产母猪在哺乳期因采食量低、泌乳能力好，易造成体重损失大，致使断奶后长时间不发情或第二胎产仔数下降，往往被淘汰。因此，为避免造成"冤假错案"，应采取以下措施：

①增加饲喂次数。夏天应选择在一天中较为凉爽时喂料，尤其要增加晚上和清晨的喂料次数；冬天选择在暖和的时段喂料。注意只有拉长每次饲喂的间隔时间，选择母猪比较舒适的时段饲喂，增加饲喂次数，方能提高采食量。

②用提早断奶或将仔猪寄养办法，减少体重损失。

③可以暂时不用自动饮水器，改用水料饲喂〔水∶料为（3~4)∶1〕，通过对水的需求带动饲料的采食，每头每天的饮水量不得少于 30~40 升。

④夏天采用负压通风结合滴水降温的方法降低猪舍温度，注意使用水帘负压

通风的，不宜将风直接吹在母猪和仔猪的身上。冬天寒冷时应解决好舍内保温和通风的矛盾。

（4）初产母猪在断奶到再发情阶段，应更注意对体况的判断。对体重损失大、相对瘦弱的母猪，饲喂高营养水平的饲料，并建议自由采食或增加饲喂次数，以增加喂料量。对体况适宜和肥胖的母猪的饲养可参考经产母猪的饲养策略。

六、母猪不同繁殖阶段饲喂方案

不同繁殖阶段的饲养方案及饲料类型表 6-6。

饲喂方案一：

表 6-6　不同繁殖阶段饲喂方案

母猪不同繁殖阶段	饲喂方案一	饲喂方案二
妊娠 90 天前	妊娠母猪料	妊娠前期母猪料（轻胎料）
妊娠 91~107 天（分娩前 7 天）	哺乳母猪料	妊娠后期母猪料（重胎料）
分娩前 6 天、分娩哺乳期	哺乳母猪料	哺乳母猪料
空怀期	哺乳母猪料	空怀母猪料

生产上通常饲喂两种饲料：即妊娠母猪料和哺乳母猪料。配种至妊娠 90 天阶段饲喂妊娠母猪料；妊娠 91 天至分娩、哺乳至断奶、再配种（空怀期）阶段饲喂哺乳母猪料。

饲喂方案二：

有条件和能力自行配制饲料的猪场可以将饲料细化为妊娠前期母猪料、妊娠后期母猪料、哺乳母猪料和空怀母猪料。具体使用阶段为：妊娠前期母猪料用于配种后至妊娠 90 天；妊娠后期母猪料用于妊娠 91~107 天（分娩前 7 天，转入分娩舍前）；哺乳母猪料用于分娩前 6 天转入分娩舍至哺乳期结束；空怀母猪料用于断奶至发情配种结束。妊娠前期母猪料主要营养成分需求推荐值见表 6-7，妊娠后期母猪料、空怀母猪料主要营养成分需求推荐值见表 6-8，哺乳母猪料的主要营养成分需求推荐值见 6-9。针对各阶段不同繁殖任务和目标，应对部分营养成分做适当调整，并添加一些功能性添加剂。如哺乳母猪料可添加一些促进乳汁分泌的中草药；空怀母猪料可添加具有促进发情和排卵功效的添加剂，如维生素 E、有机硒等。

表 6-7　妊娠前期母猪料主要营养成分需求推荐值

参照标准	饲养阶段	净能（千卡/千克）	消化能（千卡/千克）	粗蛋白质（%）	可消化赖氨酸（%）	钙（%）	总磷（%）	有效磷（%）
推荐标准	初产母猪	2415	3250	14.0	0.75	0.80	0.65	0.36
	经产母猪	2300	3100	13.5	0.65	0.80	0.65	0.36
行业标准（NY65-2004）	初产母猪（参考 120~150 千克配种体重的营养标准）	—	3050	13.0	0.53	0.68	0.54	0.32
	经产母猪（参考 150~180 千克配种体重的营养标准）	—	2950	12.0	0.49	0.68	0.54	0.32
NRC 标准（第 11 次修订版）	1 胎母猪（参考配种体重 140 千克，妊娠期增重 65 千克的营养标准）	2518	3388	—	0.52	0.61	0.49	0.27
	2 胎母猪（参考配种体重 165 千克，妊娠期增重 60 千克的营养标准）	2518	3388	—	0.44	0.54	0.45	0.24
	3 胎母猪（参考配种体重 185 千克，妊娠期增重 52.5 千克的营养标准）	2518	3388	—	0.37	0.49	0.41	0.21
	4 胎及 4 胎以上母猪（参考配种体重 205 千克，妊娠期增重 45 千克，预期窝产仔数 13.5 头的营养标准）	2518	3388	—	0.32	0.43	0.38	0.19
	4 胎及 4 胎以上母猪（参考配种体重 205 千克，妊娠期增重 40 千克，预期窝产仔数 13.5 头的营养标准）	2518	3388	—	0.32	0.46	0.40	0.20

参照标准	饲养阶段	净能（千卡/千克）	消化能（千卡/千克）	粗蛋白质（%）	可消化赖氨酸（%）	钙（%）	总磷（%）	有效磷（%）
NRC 标准（第 11 次修订版）	4 胎及 4 胎以上母猪（参考配种体重 205 千克，妊娠期增重 45 千克，预期窝产仔数 15.5 头的营养标准）	2518	3388	—	0.33	0.46	0.40	0.20

注：本表中 NRC 标准中有效磷为全消化道标准可消化磷。

表 6-8　妊娠后期母猪料、空怀母猪料主要营养成分需求推荐值

参照标准	饲养阶段	净能（千卡/千克）	消化能（千卡/千克）	粗蛋白质（%）	可消化赖氨酸（%）	钙（%）	总磷（%）	有效磷（%）
推荐标准	初产母猪	2490	3400	18.5	1.05	0.85	0.70	0.42
	经产母猪	2430	3350	17.5	1.00	0.85	0.70	0.42
行业标准（NY65-2004）	初产母猪（参考母猪分娩体重 180~240 千克，泌乳期体重损失 15 千克的营养标准）	—	3300	18.5	0.94	0.77	0.62	0.36
	经产母猪（参考母猪分娩体重 140~180 千克，泌乳期体重损失 10 千克的营养标准）	—	3300	18	0.93	0.77	0.62	0.36
NRC 标准（第 11 次修订版）	1 胎母猪（参考配种体重 140 千克，妊娠期增重 65 千克的营养标准）	2518	3388	—	0.69	0.83	0.62	0.36
	2 胎母猪（参考配种体重 165 千克，妊娠期增重 60 千克的营养标准）	2518	3388	—	0.61	0.78	0.58	0.34

参照 标准	饲养 阶段	净能 （千卡/ 千克）	消化能 （千卡/ 千克）	粗蛋 白质 （%）	可消化 赖氨酸 （%）	钙 （%）	总磷 （%）	有效磷 （%）
NRC标准 （第11次 修订版）	3胎母猪 （参考配种体重185 千克，妊娠期增重 52.5千克的营养标 准）	2518	3388	—	0.53	0.72	0.55	0.31
	4胎及4胎以上母猪 （参考配种体重205 千克，妊娠期增重 45千克，预期窝产 仔数13.5头的营养 标准）	2518	3388	—	0.46	0.67	0.52	0.29
	4胎及4胎以上母猪 （参考配种体重205 千克，妊娠期增重 40千克，预期窝产 仔数13.5头的营养 标准）	2518	3388	—	0.48	0.71	0.54	0.31
	4胎及4胎以上母猪 （参考配种体重205 千克，妊娠期增重 45千克，预期窝产 仔数15.5头的营养 标准）	2518	3388	—	0.5	0.75	0.56	0.33

注：本表中NRC标准中有效磷为全消化道标准可消化磷。

表6-9　哺乳母猪料主要营养成分需求推荐值

参照 标准	饲养阶段		净能 （千卡/ 千克）	消化能 （千卡/ 千克）	粗蛋 白质 （%）	可消化 赖氨酸 （%）	总钙 （%）	总磷 （%）	有效磷 （%）
推荐标准	初产母猪	夏	2560	3450	19.0	1.05	0.85	0.70	0.42
		春、秋、冬	2490	3400	18.5	1.04	0.85	0.70	0.42
	经产母猪	夏	2490	3400	18.0	1.04	0.85	0.70	0.42
		春、秋、冬	2430	3350	17.5	1.00	0.85	0.70	0.42

续表

参照标准	饲养阶段		净能（千卡/千克）	消化能（千卡/千克）	粗蛋白质（%）	可消化赖氨酸（%）	总钙（%）	总磷（%）	有效磷（%）
行业标准（NY65-2004）	母猪分娩（体重140~180千克）	泌乳期体重损失0千克的营养标准	—	3300	17.5	0.88	0.77	0.62	0.36
		泌乳期体重损失10千克的营养标准	—	3300	18.0	0.93	0.77	0.62	0.36
	母猪分娩（体重180~240千克）	泌乳期体重损失7.5千克的营养标准	—	3300	18.0	0.91	0.77	0.62	0.36
		泌乳期体重损失15千克的营养标准	—	3300	18.5	0.94	0.77	0.62	0.36
NRC标准（第11次修订版）	1胎母猪（母猪产后体重175千克）	泌乳期间体重增重1.5千克，仔猪日增重190克的营养标准	2518	3388	—	0.75	0.63	0.56	0.31
		泌乳期间体重损失7.7千克，仔猪日增重230克的营养标准	2518	3388	—	0.81	0.71	0.62	0.36
		泌乳期间体重损失17.4千克，仔猪日增重270克的营养标准	2518	3388	—	0.87	0.80	0.67	0.40
	2胎及2胎以上母猪（母猪产后体重210千克）	泌乳期间体重增加3.7千克，仔猪日增重190克的营养标准	2518	3388	—	0.72	0.60	0.54	0.30
		泌乳期间体重损失5.8千克，仔猪日增重230克的营养标准	2518	3388	—	0.78	0.68	0.60	0.34
		泌乳期间体重损失15.9千克，仔猪日增重270克的营养标准	2518	3388	—	0.84	0.76	0.65	0.38

注：本表中NRC标准中有效磷为全消化道标准可消化磷。

根据经产母猪和初产母猪的饲喂策略，将母猪繁殖周期和饲喂量的关系，描绘成母猪饲喂体系图。猪场可将体系图悬挂于每栋母猪舍内，以便时刻提醒饲养员和管理人员科学饲喂、精细管理，以实现母猪生产水平的最大化。母猪饲喂时间准确定时，并长期坚持，对母猪的健康是有利的。经

小群饲养母猪等待喂料时反应激烈

验表明，母猪的胃溃疡除与饲料的细度及品质有关外，还与不定时、随意改变饲喂时间有很大关系。总之，重视饲喂过程对母猪造成的应激伤害，尤其是妊娠母猪。

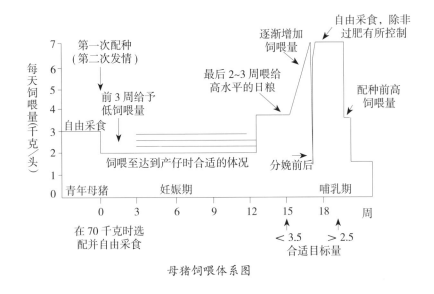

母猪饲喂体系图

七、母猪对饲料品质、饮水的要求

1.饲料品质的要求

①母猪对饲料的品质，特别是新鲜度要求很高，坚决杜绝饲喂发霉、变质等不新鲜的饲料。霉菌毒素不但具有直接的危害，且能蓄积体内，轻者引起假发情、不受孕，重者引起胚胎死亡、流产、仔猪趴脚和抖抖病。而且其危害是不可逆的，常造成大量母猪被淘汰。

②在母猪整个繁殖周期，如果提供稳定充足的青饲料，将对提高母猪的健康

和繁殖性能以及延长使用年限都是十分有益的,但应保证青饲料优质、干净、安全。

2. 饮水的要求

整个繁殖周期均要求供给充足、干净的饮水,避免出现母猪饮水困难的情况。使用自动饮水器供水的,饮水器应安装在母猪容易接近、方便饮水的位置。饮水器的长短要适宜,保证饮水器的出水量为 1.5~2 升 / 分钟。如果在料槽中喂水,应及时更换饮水,保持水的清洁新鲜,防止变质。

霉菌毒素中毒引起仔猪群体假发情

定位栏设计不科学造成饮水困难(跪地饮水)

八、饲喂过程减少母猪应激的方法

①人工饲喂,喂料前做好拌料等准备工作,这些工作应在母猪舍外部,与母猪舍相隔一定距离,母猪感觉不到的专门设立的区域进行。避免过早刺激母猪,引发骚动。

在专设的区域进行人工湿拌料

在专设的区域用搅拌器进行湿拌料

②开始喂料时动作应迅速，用标准可定量的勺，以最快的速度让每一头母猪都有大体等量的料吃。先让其安静，然后再回头考虑体况不同、怀孕时间不同等因素分别添加。

③安装半自动同期喂料器。在母猪吃料时人工将下一餐的料事先装入固定在每一头母猪头部采食位置上的喂料器内。到喂料时间时，拉动与每个喂料器

用标准的定量勺迅速饲喂

喂料开关相连的拉线，实现同一时间一次性喂料，使所有的母猪在同一时间吃到饲料。

④干料自动饲喂系统。将饲料装入料塔或料斗中，通过驱动装置和转送设备送入配量饲喂器中；根据每头母猪不同的饲喂量事先在配量器上设置好，由计算机控制每个配量器的饲料量；喂料时只需拉动连接各个配量器下料口开关的拉线，实现自动、定量一次性喂料。定期测定配量器刻度显示的数量与实际称量的重量差异，调整刻度，实现准确饲喂。

半自动同期喂料器同步喂料

干料自动饲喂系统同步喂料

⑤自动水料（液体饲料）饲喂系统。把水和各种饲料原料，或水和固体配合饲料，或固体、液体饲料原料，根据设定的值（配方）精确混合搅拌后，在计算机的控制下，通过封闭管道系统输送到各指定猪舍的料槽中供猪食用。水料的干物质与水的比例为1:（3~5）。水料可以提高猪的采食量，提高饲料的转化率。由于水料可以使用食品工业的下脚料，因此极大拓宽了饲料原料来源，降低了成本。自动水料饲喂系统可以对饲料进行发酵处理，从而提高饲料的适口性。

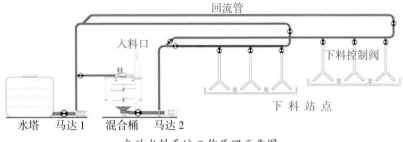

自动水料系统工作原理示意图

九、哺乳母猪高温季节饲喂技巧

①科学饲喂妊娠母猪，限制妊娠母猪的喂料量。妊娠期间的饲料摄入量越高，哺乳期间的采食量越低。在妊娠母猪料中使用高水平的可溶性纤维，以提高肠道的容量，从而提高哺乳期间的采食量。

②饲喂适口性好、营养充足的日粮，特别是应饲喂容易消化吸收的蛋白质，以降低蛋白质代谢的热增耗，有利于提高采食量。饲料的能量与赖氨酸等营养必须比例平衡。适当提高饲料的能量水平，增加能量摄入，在日粮中添加3%~5%的植物油或脂肪粉，有利于减轻热应激对母猪的影响。也可选择性添加有效的抗应激功能性添加剂，如甘露寡糖、碳酸氢钠、维生素C、维生素E及中草药等。

③降低分娩哺乳舍的温度。哺乳母猪适宜的温度为18~22℃。超过18℃，每增加1℃，每天每头母猪饲料摄入将减少100克。

④增加喂料次数，每次喂料的动作都是促进母猪采食的一个刺激信号，应把通常一天喂2次增加到5次以上。为保证母猪最大采食量，每次喂料时投喂1舀（1舀大约为1.8千克）或2舀料。如果上次投喂的料仍剩下很多，不要再往料槽中加料；如果剩下少量的料，应加1舀料；如果料槽中没有剩料，可加入2舀料。

⑤选择在早、晚凉爽时段母猪感觉比较舒适时饲喂，增加清晨和晚上喂料次数。

⑥饲喂湿拌料或水料，高温季节喂湿拌料（料：水为1：1）比喂干粉料或颗粒料，可增加母猪的采食量。

⑦保证饲料的新鲜度和料槽干净卫生。高温季节饲料容易腐败变质，甚至发霉，因此喂料时不宜一次加料过多，及时清理出未吃完的饲料给其他母猪吃，保持料槽的干净清洁。

⑧保证充足的饮水。如果使用乳头式饮水器，要保证水的流速大于2升/分钟。保证良好的其他动物福利。

⑨预防性加药保健。哺乳母猪在分娩时和泌乳期间处于高度应激状态，抵抗力相对较弱，应及时在饲料中加入抗生素预防保健。建议从分娩前7天到哺乳全期一直添加到断奶后7天，至少应在分娩前后7天或断奶前后7天添加药物保健。

剩余饲料未及时清除干净，易变质

⑩适当缩短哺乳期。根据仔猪发育状况和教槽情况，适当提早3~5天断奶，防止哺乳母猪体重损失过大。

⑪在喂料前先喂水，即使安装有自动饮水器，料前喂水仍然可以有效提高采食量。

第七章 妊娠母猪精细化饲养管理

妊娠母猪的饲养目标是提高胚胎的成活率，保证胎儿在母体内正常发育，防止化胎、流产、死胎、木乃伊的发生，使每头妊娠母猪都能生产出初生重大、生命力强，数量多和均匀、整齐的仔猪；同时使母猪有适度的膘情，良好的乳腺发育，确保产后有最大的产奶量。

一、妊娠母猪精细化管理措施

（一）妊娠诊断和返情检查

母猪配种后 21 天和 42 天发情周期前后 2 天采用公猪试情、乳头检查和 B 超探测法对母猪进行妊娠诊断和发情检查。每次检查发现返情的母猪应相对集中饲养，或转入配种舍，与同期发情的正常发情母猪一同饲养，并马上配种。无妊娠又无发情症状的母猪集中转入配种舍，逐个分析具体原因，有针对性地采取措施。

1. 妊娠症状

妊娠母猪行动逐渐安稳，母猪疲倦，贪睡不动，性情温顺，动作稳当，食欲提高，上膘快，皮毛发亮紧贴身，尾巴下垂很自然，阴户缩成一条线。妊娠期

妊娠中期腹部明显增大

乳房开始逐步发育、增大

过半时腹部增大，乳房发育。妊娠后期显示胎动，手触可感觉到胎儿的蠕动。到妊娠末期，阴部松弛，此时应为分娩做好必要准备。妊娠母猪于分娩前 1~2 日，乳房更加膨胀，手挤可流出浓稠的乳汁。

2. 妊娠诊断和返情检查方法

①人员检查。判断母猪是否妊娠，最简单、最常用的方法就是观察母猪是否重新发情。在母猪配种后 21 天左右（18~24 天），认真巡查猪群。未发现发情症状的，正常情况下，说明已经妊娠。为了进一步确认，可以用公猪试情法进行检查。

②公猪试情。每天上午、下午定时赶着公猪从已配过种的母猪栏旁走过，反复几次。观察母猪表现，若该母猪反应强烈，情绪不安，站立，食欲不佳，外阴有明显变化等，便可说明其返情；反之，则可能已妊娠。第二个发情期再用同样的方法检查一次。

公猪试情

③智能化妊娠母猪返情测定系统检查。智能化妊娠母猪返情测定系统是将红外线技术引入系统中，24 小时动态监控母猪动作。妊娠母猪相对安定，返情母猪坐立不安，据此，评定母猪返情情况。这一系统可相对准确地发现返情（发情）母猪，进而确定适宜的配种时间。

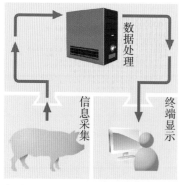

智能化妊娠母猪返情测定系统工作示意图

智能化妊娠母猪返情测定系统

④B超检查。没有返情的母猪并不一定全部已经妊娠，有可能存在假妊娠，既未受孕也不发情。为准确诊断是否妊娠，有条件的场应对未返情的母猪采用B超诊断。B超能发出超声波，回收回声，回声能在屏幕上组成亮点，每个亮点的亮度决定于反射波的振幅。这种亮点组成一个图像，骨头是亮白的，液体是黑色，体组织是灰色。

在配种后23~25天，用B超探头在位于下腹部两侧倒数第二个乳头处进行B超检查，通过超声影像判断是否妊娠。经验丰富者诊断准确率高达98%以上，

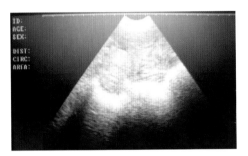
空怀母猪B超影像

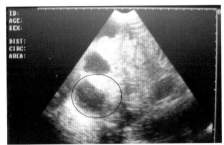
怀孕25天时B超影像

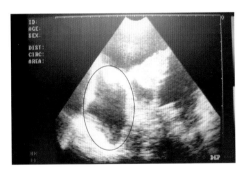
怀孕30天时B超影像

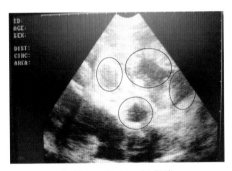
怀孕60天时B超影像

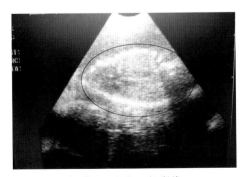
怀孕80天时B超影像

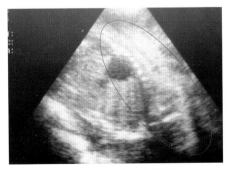
怀孕100天时B超影像

40~42天再检查一次，准确率高达100%。

现行的多种超声波检查器，用来检测怀孕母猪子宫内充盈的羊水，然而不正确的位置有可能检测到充盈的膀胱，误以为是子宫，结果产生错误的诊断。因此怀孕检测最好在母猪排尿、吃食喝水后。

（二）妊娠母猪主要管理措施

①单栏饲养。母猪在配种舍混合饲养时，配种后应立即单栏饲养，防止其他发情母猪爬跨、惊扰、打架等影响母猪的受胎和胚胎的着床。同时单栏饲养，有利于定时定量饲喂。

②准确记录档案。母猪配种后档案应及时准确登录，随猪对应，并悬挂于明显位置。

发情母猪爬跨已配种母猪

③有序排列。根据配种时间不同将同期配种母猪相对集中，有序排列，便于饲养管理和饲喂管理。

④喂料前检查。每天喂料和清理卫生前，耐心检查母猪有无排粪、粪便形态，地面有无胚胎等母猪排出的异物，阴户有无变化、有无发情症状和子宫炎，以及母猪的精神面貌等各种情况，做好记号和记录。

母猪相对集中、有序排列

母猪正常的粪便形态

母猪便秘

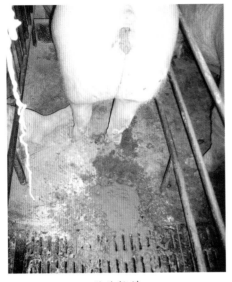

母猪拉稀

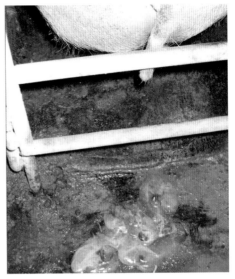

母猪流产的早期胚胎

⑤充足给水。认真检查饮水器有无水、水流速度是否正常。无安装饮水器的猪栏，在喂料前先给水，母猪采食饲料后及时给予充足的水，以满足其长时间对水的需求。

⑥定时、快速饲喂。喂料前的饲料准备等工作应做好。一旦开始喂料时动作应迅速，用可定量的勺以最快的速度让每一头母猪先有料吃，最好

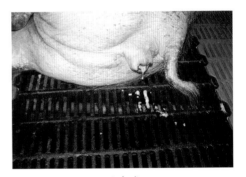

子宫炎

料量能基本相同，让其安定，然后再根据不同的体况和怀孕时间添加核定的饲料量，这样可减少应激。

⑦喂料后检查。检查母猪吃料情况、精神面貌，对不吃料、少吃料的母猪做好记号和记录，并通报技术人员。

⑧清洁卫生。在母猪吃料后，相对安静时，开始捡粪，认真观察粪便的软硬度；冲洗猪栏时，注意保持母猪睡觉位置或定位栏的前部干燥。

⑨及时有效地诊疗处理。如例行检查发现返情、流产、便秘等各种问题，必须认真分析、准确诊断，及时采取有效的技术措施。

⑩防疫注射。根据本场的免疫程序和季节性流行疾病进行规范的防疫注射。防疫注射时应注意减少注射过程和疫苗对母猪的刺激和应激，避免造成流产。

⑪驱除体内外寄生虫。按常规驱虫程序每年驱虫 3 次，寄生虫感染较为严重的场，可以在产前 3 周加强一次，禁用可诱发流产的驱虫药，如左旋咪唑、敌百虫等。

⑫定期消毒。每月定期进行带猪消毒 2 次，最好用复合有机碘制剂或复合醛制剂。

带猪消毒

（三）妊娠母猪饲养管理过程中常见问题处理

1. 妊娠母猪流产的预防

①先兆性流产。对有先兆性流产的母猪（精神不振、喜卧、阴户红肿、有黏液流出，未到预产期可挤出乳汁），应单栏饲养，避免应激；注射黄体酮 30 毫克保胎，隔日 1 次，连续 2 次或 3 次。

②机械性流产。外部环境的强烈刺激引发的流产，包括饲养员的打击，自行滑跌，其他母猪的爬跨、咬斗，突然受惊吓，防疫和治疗注射应激，喂料时应激等。预防机械性流产，主要措施是为母猪提供一个安静、舒适的环境。要求饲养员精心管理。母猪配种后应立即单栏饲养，不宜混群。此外，要防止猪栏地面打滑。总之，消除一切可能对母猪造成机械性伤害的因素。

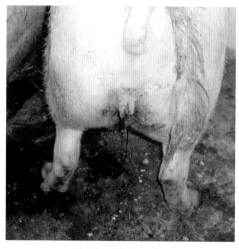

机械性早期流产

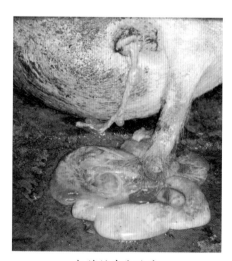

机械性中期流产

③疫病引起的流产。对于猪乙型脑炎、细小病毒病、蓝耳病、伪狂犬病等繁殖障碍性疾病引起的流产，要采取综合措施，制订合理的免疫程序，有计划地应用疫苗免疫接种。

猪乙型脑炎引起的流产（胎儿有木乃伊胎和死胎）

细小病毒病引起的流产（胎儿呈大小不等的木乃伊）

伪狂犬病引起的流产

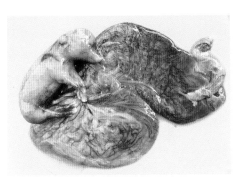

蓝耳病引起的流产

2. 妊娠母猪便秘的诊治

妊娠母猪便秘是母猪最常见的疾病。如果发现母猪采食少、厌食，甚至废食，但精神状态又较好，无发烧等其他感染症状，均可优先怀疑为便秘。

①轻度便秘。妊娠母猪排便少，大便呈干硬粪球状，形似羊粪，外层包有油性粪膜，不易散开。轻度便秘

轻度便秘，粪便呈羊粪状

的妊娠母猪，应喂给青绿多汁饲料，促进胃肠蠕动；必要时用手将直肠撑开，导入空气，促进粪便排出。

②重度便秘。妊娠母猪多天没有排出粪便或排出粪便少，粪便干硬，粪球外膜光亮，严重的有肠黏膜附着排出，打开粪球内部干燥、水分少，母猪废食，但少有体温变化。对此，可采取以下处理方法：一是口服泻剂通

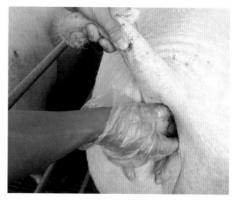

用手撑开直肠，导入空气，促进粪便排出

便：采用灌服商品化的轻泻剂，或者硫酸镁粉剂 500 克加水（呈悬浊液状），进行灌服。二是灌肠通便：用婴幼儿专用肥皂制成 5 升左右的温肥皂水，用专用的灌肠器从直肠进行深部灌肠，或用开塞露等外用药物塞入直肠，进行润滑，促进粪便排出。

3. 妊娠母猪假妊娠的诊断

母猪配种后始终无返情，但也没有妊娠表现，即为假妊娠。研究表明，

严重便秘时粪便有肠黏膜附着

假妊娠与季节有着密切的关系：高温季节，分娩率下降，但假妊娠率却上升。

因此，必须加强妊娠诊断：在母猪配种后 23~25 天和 40~42 天，用 B 超对母猪进行妊娠诊断。对个别母猪怀孕 60 天时腹部没有增大，无明显妊娠症状的再进行一次妊娠检查。B 超检查仍无法诊断的用激素处理。

4. 减少妊娠母猪胚胎和胎儿死亡的措施

要减少胚胎和胎儿死亡，提高胚胎的成活率，应特别注意造成胚胎死亡的因素与时期（表 7-1）。只有在饲养管理中注意这些因素，才能有效地提高胚胎的成活率。具体来说，必须采取如下措施：

①确定合理的初配年龄。根据不同品种的生理特点，科学合理安排种猪的初配年龄。

②确保精子质量。配种前认真检查精子质量，确保精子健康、无缺陷。

③选好配种时间和配种技术。应根据母猪的发情排卵规律，掌握准确的配种时间，采用正确的配种技术和方法。

④避免近亲繁殖。近亲繁殖是导致产前胚胎死亡的另一个重要原因。近亲繁

表 7-1　生殖过程中典型的胚胎死亡阶段

死亡高峰期	时期		胚胎或胎儿情况	注意事项
第一个	胚胎着床期	配种后 9~13 天	化胎，被母体吸收	避免意外刺激
第二个	胚胎器官形成期	配种后 21 天左右	化胎，被母体吸收	避免意外刺激
第三个	胎儿生长期	孕后 60 天至分娩	疾病侵袭，形成木乃伊胎、死胎或弱仔	制订合理的免疫程序，采取综合措施，预防疫病造成胎儿死亡

殖会导致受精亲和力低，胚胎生命力弱。一定要制订出良好的配种计划，尽量选择亲和力好、配合力强的品种交配，避免近亲繁殖。

⑤科学饲喂。母猪配种以后，应按妊娠期胎儿生长发育和体重变化规律，给予相应的营养水平的饲料，并予以科学饲喂。在妊娠前期胎儿绝对质量小，养分需要也相对较少，到妊娠后期胎儿体重增长很快，且能量转化为胎儿增重的效率很低（10%~20%），所以后期的养分需要明显高于前期。营养不足会造成母猪消瘦，胎儿发育受阻，弱胎和死胎增加；但在妊娠期给予母猪高能量，会使胚胎成活率降低。这是因为能量过高，会使猪体过肥，子宫体周围、皮下和腹膜等处脂肪沉积过多，影响并导致子宫壁血液循环障碍，可能导致胚胎死亡。

⑥提供营养均衡，优质的饲料。根据不同阶段的营养需要提供营养均衡的全价饲料，保证饲料新鲜、不发霉。

⑦精心管理。管理不当也是造成胎儿死亡的主要原因。妊娠母猪管理的中心任务是做好保胎工作，促进胎儿正常发育，防止机械性流产。例如，注射疫苗应避开胚胎容易死亡的时间段，注射时尽量减少应激等。

⑧预防内分泌失调。对配种后 7 天的母猪肌肉注射黄体酮，以补充外源性激素的不足，提高母猪的生产力。

⑨预防繁殖障碍性疾病侵袭而引起胚胎及胎儿死亡。

⑩为怀孕母猪提供一个温湿度适宜、空气清新、干燥卫生、安静舒适的生活环境。

5. 先天死胎和死亡仔猪的区别

死胎仔猪占出生仔猪的 5%~7%。分娩开始后大约有 10% 是真正死胎，即在妊娠期已经死亡，其余 90% 是在分娩开始到出生前这一时间段死亡的。死亡的主要原因是接生不当或接生不及时，如在不做仔细的阴道检查的情况下，过早使用催产素，胚胎过早分离，或在分娩前脐带就已经断裂，使仔猪失去氧气供应等。

可以通过以下方法鉴别不同的死胎：

①外观观察。分娩前已经死亡的仔猪全身肌肉松软、皮肤苍白，时间长的还会呈浮肿样。分娩过程死亡仔猪外观与活仔相似，但皮肤相对红润，皮毛较光滑，皮较光亮，肌体较结实。

②肺脏漂浮试验法。用手术刀将死猪的肺脏取出，把肺脏放在一桶水中。如果肺脏漂浮在水面，说明仔猪生下来是活的；如果肺脏下沉，说明仔猪是死胎。该方法是检验初生死亡的很好方法。

分娩前死亡仔猪肌肉苍白，呈浮肿样　　　　　　　肺漂浮试验

二、猪舍设施建设

猪舍设施建设不当或损坏，会对母猪造成伤害。在猪舍设施建设时，必须注意如下问题：

①料槽设置不当，造成母猪采食困难。妊娠母猪饲养在定位栏时，如料槽的采食空间与母猪头部的尺寸不相匹配，采食空间不足，会造成母猪采食困难，致使母猪长期跪着采食，损伤蹄部和脸部，伤害母猪健康。

②定位栏设计安装的细节处理不当，对母猪造成伤害。定位栏设计安装不当主要表现为焊点裸露、突出、尖锐，

采食空间不足，母猪长期跪着采食

对母猪肌体造成伤害；定位栏隔栅尺寸设计不科学，致母猪转头时卡住头部，或定位架近地面的横杆与地面之间距离过大，致母猪睡卧时卡住头部，如发现不及

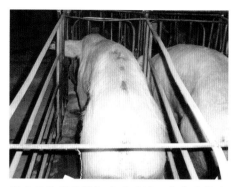

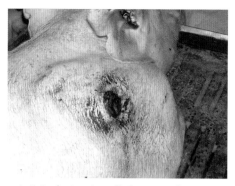

固定定位栏的横杆高度不够，容易造成母　　定位栏建设不当，常导致母猪肩胛损伤
猪背部伤害

时，容易造成母猪伤亡；固定定位栏的横杆高度不够，致使母猪背部损伤。其他
建设和安装不当，也会造成母猪损伤。

　　③定位栏的地面选材或建设不当，对母猪造成伤害。定位栏地面为水泥地面，
无漏缝，尿液或冲水而致地面长期潮湿，
导致母猪的蹄壳角质因湿变软，极易损
伤。定位栏的地面用水泥或铸铁等材料
制成的漏缝板，两片板之间的衔接间距
过大或衔接不牢固，常致使母猪的脚
踩入空隙而损伤。定位栏地面漏缝选
用钢筋的，由于钢筋呈圆形状与母猪
蹄部接触面小，单位面积受力大，常致
母猪站立困难，有的在粪尿的作用下，
容易打滑，严重的会造成后腿拉伤。

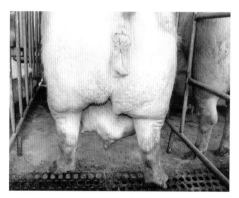

地面湿滑，母猪站立困难，易拉伤后腿

三、猪舍通风降温

1. 风扇通风

　　风扇通风的方式大体有两种，即在猪舍顶部安装吊扇和在猪舍的侧墙安装可
旋转的风扇。这种通风方式可以促进舍内空气的流动，让猪有舒适感，但起不到
降温的作用；而且随着吊扇的旋转会将屋面的辐射热传送给猪体，反而造成母猪
的热应激。因此，使用吊扇通风降温时应同时向屋面浇水降温；或在屋面铺上一
层厚厚的芦苇、稻草等隔热层，然后再浇水降温；或在猪舍吊顶增加隔热层。否

猪舍顶部安装吊扇

猪舍的侧墙安装旋转风扇

则不推荐使用这种方式。

2. 横向正压通风

在猪舍内部与猪体接近的位置安装若干大型风机，同向送风或者在猪舍两端安装风机往舍内送风，使猪舍内的空气压力略高于舍外的平均空气压力，以提高舍内空气的流速，这种方式比风扇降温效果好。如果能够结合舍内喷雾和滴水降温措施，效果更理想。

舍内同向通风

风机往舍内送风

3. 负压通风

在猪舍的一端安装与猪舍面积所需的通风量相匹配的风机，在猪舍的另一端设进风口，除此外整个猪舍呈密闭状态。当风机开动时，使猪舍内的空气压力低于舍外空气压力，空气以高速沿猪舍的长轴方向流动，犹如气流穿越隧道一样。当这种气流穿越猪舍长轴方向时，它带走了热量、湿气和污染物，从而达到降温的目的。同样，如果结合舍内喷雾和滴水降温措施，效果更佳。

4. 个别通风

鉴于分娩舍中母猪和哺乳仔猪对温度的需求差异很大，使用整体通风降温方案难以解决这一问题，只能采用个别通风措施，即设置专用的通风管，其出风口分别对准每一头母猪，实现个别通风。出风管口离猪愈近则效果愈佳。如果在通风管的进风口加设水帘降温机，降温效果更为理想。上述个别通风的方案设施造价相对较高。因此，也可采用简易的方式，即在每头母猪身体位置安装风扇。

与通风管相连的水帘降温机

个别通风（出风口对准每头母猪）

母猪身体位置安装风扇

5. 负压湿帘降温系统（湿帘－风机降温系统）

由湿帘、风机、循环水路和控制装置组成。在猪舍靠夏季主风向的一端安装湿帘及配套的水循环系统。在另一端安装轴流风机，整个猪舍密闭，除湿帘外不应有其他的进风口。湿帘的面积、轴流风机的功率应根据猪舍空间大小，由专业人员计算，以达到最佳的通风降温效果。负压湿帘降温系统的工作原理为：水泵将水箱中的水经过上水管送至喷水管中，喷水管的喷水孔把水喷向反水板（喷水孔要朝上），从反水板上流下的水再经过特制的疏水湿帘，确保均匀地淋湿整个降温湿帘墙，从而保证与空气接触的湿帘表面完全湿透。剩余的水经集水槽和回水管又流回水箱中。安装在猪舍另一端的轴流风机向外排风，使舍内形成负压区，舍外空气穿过湿帘被吸入舍内。当空气通过湿润的湿帘表面时，湿帘上的水分蒸发而使空气温度降低、湿度增加。降温后的湿润空气进入猪舍后使舍温降低，舍内空气湿度增大。在通常情况下，使用负压湿帘降温系统可使舍温降低 3~7℃。

负压湿帘降温系统在为猪舍降温的同时还能够通过湿帘的过滤而净化进入猪舍的空气。但应注意保护靠近湿帘处的母猪，可用挡板或麻袋固定在栏架上，避免长时间相对较大湿度的高速风直接吹在母猪身上而造成伤害，尤其是哺乳母猪和仔猪。

负压湿帘降温系统的湿帘及水循环系统　　　　负压湿帘降温系统的轴流风机

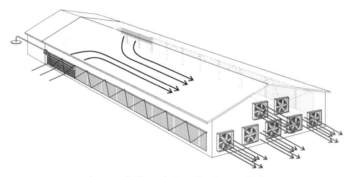

负压湿帘降温系统工作原理示意图

6.联合通风系统

准确来说，应该叫做横纵向联合负压通风，包括横向通风和纵向通风。横向通风主要用于舍内换气，纵向通风用于舍内降温。

横向通风系统组成部分为横向进风口和横向排风扇，可以是侧墙排风扇，也可以是屋顶排风扇；纵向通风系统组成部分为纵向进风口和纵向大风机，例如水帘和山墙风机。

其工作过程是：在温度低于需要的温度时，系统运行在横向通风模式下，随着温度的升高，横向进风口的大小和排风量同时增大，以增大换气量和降低舍内温度。横向模式不会对畜体产生风冷效应，舍内温度的变化更平缓。当温度过高，横向模式运行最大，温度还无法下降的时候，横向模式将关闭，转换到纵向通风模式，纵向进风口全部开启，大风机将逐次打开，直至水帘开启。与横向通风降温不同，纵向模式通过直接作用于畜体上风速，产生较强的风冷效应，而且舍内温度的下降速度也较快。

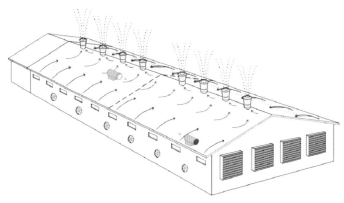

联合通风系统工作原理示意图

四、猪舍光照管理

妊娠期延长光照时间，能够促进孕酮分泌，增强子宫功能，有利于胚胎发育，减少胚胎死亡，增加产仔数。据报道，妊娠期持续光照，受胎率提高 10.7%，产仔数增加 0.8 头。妊娠 90 天开始每天提供 16 小时光照（8 小时暗）比每天 8 小时光照（16 小时暗），仔猪初生重平均增加 120 克。

整个妊娠期推荐光照时间为 14~16 小时，光照强度 250~300 勒。

第八章　分娩及哺乳母猪精细化饲养管理

分娩及哺乳母猪的饲养目标是最大限度地提高新生仔猪存活率、断奶窝重，提高母猪采食量，减少哺乳母猪组织损失，保持母猪良好的体况，从而缩短断奶发情间隔，提高母猪利用率，确保母猪良好的健康水平。

一、分娩及哺乳母猪精细化管理措施

（一）母猪转栏和分娩前管理措施

1. 猪舍准备

在母猪进入前，应对产房进行彻底清扫、冲洗和消毒。冲洗要求不留死角，特别是分娩床底部。检查分娩栏的地面材料和其他设施有无损坏，如有损伤，及时修复，避免对母猪造成损伤，同时确保所有设施运转正常。

2. 空置猪舍

分娩舍在清洗、消毒干净后空置 7 天左右。空栏时间越长，对阻断病原微生物的传播越有效。

3. 母猪准备

妊娠母猪一般要求在产前 7 天转入分娩舍。在转入前必须对猪体进行清洁和消毒，先用水清洗蹄部，再用水冲洗后躯和下腹部。冲水过程中应轻轻刷拭猪体并抹干，严禁使用高压水枪冲洗；

分娩舍消毒后空置，做好转猪准备

然后用复合有机碘或复合醛等不具有强烈刺激性、安全的消毒剂进行全身消毒。

4. 轻柔转猪

转猪时应选择天气较为适宜的时期，忌高温、暴雨、大风天气。转猪过程动作应轻柔，严禁敲打，避免猪只间打斗。转栏母猪应空腹或减半饲喂。尽量避免母猪在临近分娩时转入分娩房，否则会因环境的急剧变化，引发产后无乳综合征，甚至发生出生仔猪死亡或母猪咬死仔猪现象。实施"全进全出"生产模式，一个单元母猪分娩日龄的差异不应超过 7 天。

5. 精心照料

母猪转入产房后，按预产期先后顺序排列，固定饲养员饲养。饲养员应精心照料母猪，定时挠挠猪的颈背部，揉揉猪的乳房，并同它们"聊天"，建立亲密的关系。

6. 科学饲喂

刚转入的母猪不宜马上将其喂饱，应少量多餐饲喂，然后逐渐过渡到自由采食。

7. 对应档案

母猪转栏时，相对应的母猪分娩记录卡和种猪终身免疫登记卡等档案卡应随猪转移，准确对应。

母猪分娩记录卡　　　　　　　　种猪终身免疫登记卡

（二）母猪分娩判断

根据母猪档案卡上的预产期，分娩前几天经常观察母猪的行为，判断分娩时间。

母猪分娩前的症状：

①母猪通常在产前 24 小时开始起卧不安，经常翻身改变躺卧姿势，采食下降，对周边事物敏感度提高。临产前个别神经敏感、护仔性强的母猪会变得性情暴躁，不允许人接近，此

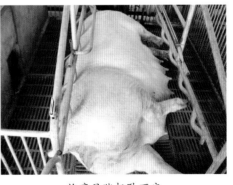

临产母猪起卧不安

时应抚摸其身体和按摩乳房，使其安静。

②阴户红肿，阴道松弛，频频排尿，体温略有升高（0.5℃左右）。

③乳房胀大，有光泽，两侧乳头外涨，用手挤压有乳汁排出。第一对乳头初乳出现后 12~24 小时内分娩。当最后一对乳头能挤出乳汁时，短时间内可能分娩。

④有羊水破出，表明母猪产仔在即（有羊水流出），应立即做好接产准备。

临产母猪乳房胀大，有光泽

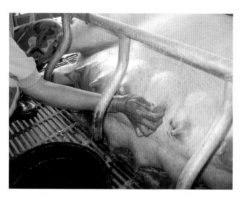

挤压临产母猪乳头，有乳汁排出

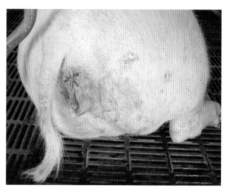

临产母猪阴户红肿，有羊水流出

（三）接产管理措施

①物品的准备。准备好保温灯、饲料车、扫帚、拖把、水盆、水桶等，并经清洗消毒后放入舍内备用；准备好消毒过的干燥麻袋（毛巾），细线，毛巾，垫板，灯头线，小台秤及称猪筐，油性笔（记号笔），注射器，剪牙、断尾、打耳号器具，助产工具等。

装上保温灯的保温箱

准备以下药品：5% 碘酊、0.1% 高锰酸钾消毒水或其他消毒药、肥皂、抗生素、催产素、解热镇痛药等。

红外线保温灯

经消毒的注射器械

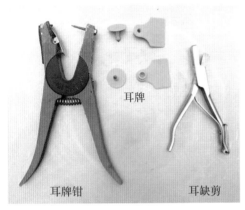

经消毒的剪耳号器具

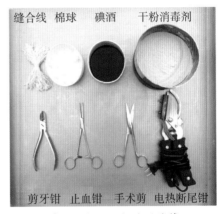

剪牙、断尾、断脐器械等

　　②母猪准备。母猪出现分娩症状时，使用温的0.1%高锰酸钾消毒水或其他的消毒水对其乳头、腹部和外阴部进行清洗，并做好分娩栏后部的消毒工作。同时用温水（40℃左右）浸泡毛巾，然后清洗乳房。毛巾拧干后按摩乳房，每次

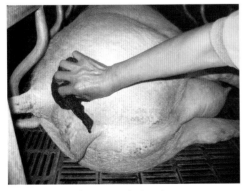

清洗、消毒外阴部

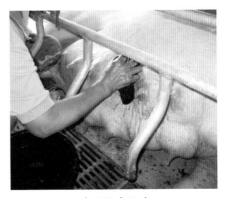

清洗消毒乳房

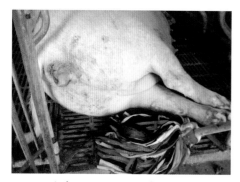

用消毒水浸泡的拖把清洁分娩栏

按摩乳房

5~10分钟，间隔一段时间，重复进行，有利于母猪保持安静，促进分娩。在按摩乳房的同时顺便检查乳房有无损伤，确认有效乳头数，确定可以喂养仔猪的头数。

③将每一个乳头中分泌的少量陈旧乳汁挤掉，保证仔猪吃到新鲜的乳汁。

④要求专人看管。从预期的分娩时间开始，每2小时检查1次是否出现宫

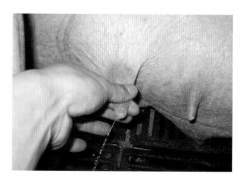

挤掉陈旧性乳汁

缩（后腿抬起），出现宫缩后每小时至少检查1次。宫缩到产出第一头仔猪约需2个小时，如果在两次检查之间没有仔猪产出，应看产道，看是否仔猪卡住了产道。检查时应按摩母猪乳房，让母猪安静。整个分娩过程，饲养员不得离开。

（四）接产方法

1. 母猪正常产程

母猪分娩时间范围依胎次和体质不同有所差别。一般为1~4小时，平均为2.5小时，正常分娩平均间歇时间5~20分钟（大部分间隔15分钟）产出1头仔猪。仔猪全部产出后间隔10~30分钟胎衣全部排出，此时分娩结束。

产仔间隔时间越长，缺氧的危害越大，仔猪就越不健壮，早期死亡的危险性就越大。仔猪出生间隔时间可以反映分娩是否出现问题：如果母猪较安静，产仔间隔几分钟，说明产仔过程正常；如果产仔间隔超过45分钟以上（最长不超过1个小时），可以判断为分娩不正常，必须采取人工干预措施（人工助产或药物催产）。据研究，20%的死胎发生在宫缩前，80%死胎发生在分娩过程且主要集中在产程的后1/3。正常的仔猪产出间隔为15分钟，但死胎产出常需要45~60

分钟。随着产程从 1 小时延长到 8 小时，死胎率从 2.5% 增加到 10%。随着产程延长，最后分娩下来的仔猪活到断奶的百分率低于 50%。

2. 接产操作规程

（1）接生正常仔猪。当看到仔猪头部露出产道时，饲养员应立即接生。仔猪出生后先用清洁的毛巾擦去口鼻中的黏液，使仔猪尽快用肺呼吸，然后再擦干全身。个别猪被包在胎膜中，应立即将其撕开。

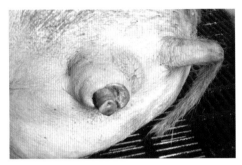
仔猪头部露出产道

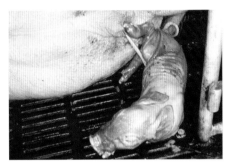
分娩出仔猪

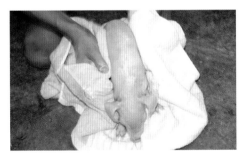
擦干仔猪身体

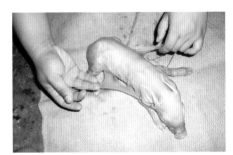
及时剥离包裹仔猪的胎膜

（2）抢救假死猪。发现假死猪，应立即抢救，将其前后躯以肺部为轴向内侧并拢、拉开，反复数次，频率为 20 次 / 分钟，或抓紧仔猪后肢倒提，拍其胸部

抢救假死猪

假死猪经抢救成活

数次，帮助其恢复呼吸。

（3）减少体散热。用密斯陀或爽乐神等干粉保温剂涂仔猪全身，在仔猪体表人为包裹一层保温层，可以减少体散热，起到有效的保温效果。

涂抹干粉保温剂，减少仔猪体散热

（4）规范断脐。仔猪出生后脐带会自动脱离母体。若未脱离母体，千万不能硬扯，以防大出血，应先将脐带轻轻拉出。当仔猪脐带停止波动时方可断脐。先将脐带血向仔猪腹部的方向挤压，在离脐带根部4~5厘米处用消毒过的细线绑扎，在扎线外侧剪断或用手掐断，断端用5%碘酊消毒，并停留3秒钟以上。

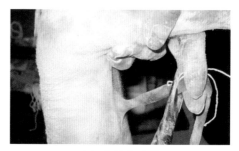

用细线结扎脐带

断脐

脐带消毒

（5）规范剪犬牙。仔猪出生时已有锐利的犬齿，为减少对母猪乳头的损害，降低争斗时对同窝仔猪的伤害，仔猪出生后应将其剪掉。

要注意的是，不要把牙齿剪得太短，以免损害齿龈和舌头，让病原体进入仔猪体内。剪牙前后要对工具进行消毒，以避免病菌交叉污染。剪牙的剪刀应锋利，剪时务必剪平，应避免将牙尖部拗断或因剪刀不利导致剪牙后产生更加锐利的棱角，对母猪乳头造成更大的伤害。对发育不好的仔猪暂时不剪牙齿，特别是不能马上进行交叉寄养的仔猪。因为这些仔猪保留牙齿，有利于哺乳竞争，有利于其存活。

用剪牙钳剪牙，终究对初生仔猪造成一定的伤害，增加感染风险。因此推荐使用电动磨牙器。用电动磨牙器磨去犬齿上面的小尖，将牙磨平、磨圆（没有棱

正确剪牙

电动磨牙器

角和夹角），上下整齐，确保不伤害母猪乳头。电动磨牙器速度是可以调的，一般用中速就可达到良好的磨牙效果。使用电动磨牙器时，一定要注意将仔猪牙齿对准保护套上的卡槽，避免弄伤唇部。熟练操作后，7~10秒钟就能磨完一只仔猪的犬牙，大大降低剪伤牙龈的风险，减少仔猪应激，同时也提高了生产效率。

（6）规范断尾。使用消毒过的剪尾钳于猪尾骨5厘米处剪断尾巴，并用碘酒消毒伤口。

断尾工作应注意以下事项：

①仔猪断尾，正常情况下伤口较小，不会出很多血，但仍要注意防止出血过多。生产上推荐使用的断尾方式：使用前先将电热剪尾钳预热5~10分钟，待钳有热度时，把尾巴放在刀口上缓慢剪

正确的断尾位置

下，然后拿住尾巴往钳的大片平面烫一下（不用特意去烫）。靠刀片的热度使创口结痂，这样不易感染病菌。

用电热剪尾钳断尾

电热剪尾钳断尾的当天伤口已轻微结痂

②要避免剪得太短，阴门末端和公猪阴囊中部可用作断尾长度的标线。

③每头仔猪断尾部位在使用剪尾钳断尾前后都要予以消毒。

④为防止病菌交叉感染，不要用同一剪尾钳既剪牙又断尾。

⑤对弱仔猪不要断尾，以免加重应激而引起死亡。

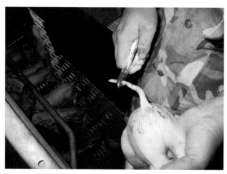
断尾过长

断尾过短

　　剪牙和断尾虽然有其特定的意义，但也会引发仔猪强烈应激，甚至导致严重伤害，精细化健康养殖提倡不要剪牙和断尾，最大限度地减少应激，有利健康，特别是猪群健康状况较差的场。

　　（7）吃足初乳。初乳中含有丰富的免疫球蛋白，能直接保护初生仔猪度过危险的前3天，因此，仔猪出生后应确保30分钟内吃到初乳，以便获得母源抗体，提高抵抗力。

　　（8）防寒保温。哺乳仔猪调节体温的能力差，寒冷季节必须防寒保温工作。

　　（9）检查胎衣排出情况。产后检查胎衣是否全部排出。如胎衣不下或胎衣排出不全，可肌注催产素。

　　（10）保持产房卫生。在生产过程中如产床潮湿，有羊水黏液等污物，应用泡过消毒水的拖把擦干净，使产床保持干燥干净。不宜用水直接冲洗。

　　（11）编剪耳号。为便于精细管理、疾病治疗和饲养成绩分析等，仔猪应编剪耳号。在仔猪出生后24小时内进行。

　　（12）称初生重。出生仔猪体重的称量，有助于做好弱小仔猪的调圈

检查胎衣是否完全排出

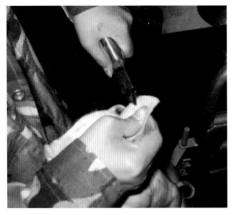

仔猪剪耳号

称仔猪初生重

和固定乳头等工作，同时通过初生重的测量、分析，可准确了解母猪的饲养效果，便于及时调整饲养管理措施和饲料营养水平。

（13）及时补铁。仔猪出生后身体中铁的总贮存量低（约为50毫克），每天从母乳中获取的铁仅约1毫克，而每天生长约需7毫克，体内铁的含量在出生后3~4天即被消耗完了，因此仔猪在出生后第二天每头应补充200毫克铁。如有必要7天后可进行第二次补铁。

仔猪个体很小，注射铁剂时应用小针头（约1.5厘米长）。铁制剂一般都比较黏稠。在注射前应将注射器内的空气排空，注射后用手指按压注射部位，缓慢拔出针头，预防注入猪体内后倒流，确保补铁的效果。

排空装有铁制剂的针筒中的空气

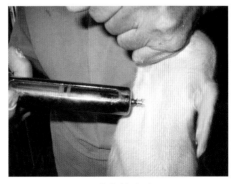

正确补铁方法

（14）适量补硒。仔猪对硒的日需要量因体重不同而不同，通常为0.08~0.23毫克。正常情况下仔猪不会缺硒，但在母猪营养不足、仔猪健康状况偏差、环境条件恶劣时，补硒对仔猪的健康和生长有一定帮助。一般在出生后3~5日龄肌肉注射0.1%亚硒酸钠维生素E注射液，每头0.5毫升。断奶时再注射1次，用量为1毫升。现行的很多商品铁制剂含硒（如含硒牲血素）。若已经在补铁时注射了含硒的铁制剂，就没有必要再注射0.1%亚硒酸钠维生素E注射液。

（15）仔猪寄养。仔猪寄养的原则是有利于提高仔猪的均匀度和育成率。寄养强壮或弱小仔猪，可视寄养母猪泌乳能力、带仔头数和分娩时间来确定。分娩生产采用"全进全出"生产模式的，严禁将不同的批次仔猪交叉寄养；寄养仔猪尽可能在吃足初乳后进行。

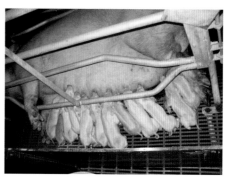
仔猪寄养、调圈

仔猪寄养的方法：

①产合格仔数多，乳头不够时，应将多生的仔猪吃过初乳后，寄养于同期分娩的产仔数少的母猪。若无同期分娩的母猪，也可寄养于分娩1~3天、泌乳力较强、有多余乳头的温顺母猪。

②产合格仔数偏少、奶水相对充足的母猪，可将其他窝较为弱小的仔猪寄养过来。

③一群母猪的新生仔猪均过剩，可将过剩仔猪寄养于泌乳量多、温顺的刚断奶母猪。

④患泌乳障碍综合征的母猪，其仔猪可分散寄养于刚分娩的哺乳仔猪较少的母猪，也可选择高泌乳力、刚断奶的母猪寄养。

为保证接受寄养母猪能够接纳仔猪，提高寄养的成功率，可采用以下操作技巧：

①用母猪的胎液涂抹在寄入仔猪的身上。

②挤出少量的接受寄养母猪的乳汁或尿液涂抹在寄入仔猪身上。

③仔猪寄入的同时，用甲酚皂（来苏尔）等味道较浓的溶液喷雾，以掩盖寄入仔猪的异味，统一整窝仔猪的体味，减少母猪对寄养仔猪的排斥。

④选择晚上进行寄养。

（16）固定乳头。母猪一次哺乳过程持续3~5分钟，但每次哺乳真正放乳的时间仅为20~30秒。如果仔猪吃奶位置不固定，势必出现仔猪以强欺弱的现象。为使同窝仔猪生长均匀、健壮，根据仔猪的初生重大小和强弱，调整其吮吸的乳

头位置。经过几次的调整，仔猪即可
固定乳头位置。

　　母猪各乳房互不相通，自成一个
单位，各乳房的泌乳量和乳的品质各
异。一般情况下，靠母猪腹部前面的
乳房泌乳量较多，靠后面的乳房泌乳
量较少（表8-1）。应将弱小仔猪固定
在前面的乳头上，强壮的仔猪固定在
后面的乳头上。

仔猪争抢乳头

表8-1　母猪不同对乳头的泌乳量

乳头顺序（从头部开始）	1	2	3	4	5	6	7
泌乳量（%）	23	24	20	11	9	9	4

（五）诱导分娩

1.诱导分娩方法及优点

　　母猪自然分娩大都在晚上，给管理工作带来不便。所谓诱导分娩（也称同期
控制分娩），是指利用激素人为控制母猪的分娩时间和过程，即在母猪自然分娩
日的前一天注射氯前列烯醇 100~200 微克，使大多数母猪在第二天白天分娩，且
大大缩短产程。

　　由于白天分娩，有利于对母猪和仔猪的护理，从而提高了弱仔的成活机会，
同时由于产程大大缩短，减少了母猪在分娩过程中经产道感染的机会，从而减低
了母猪产后子宫内膜炎 – 乳房炎 – 泌乳障碍综合征的发生比例。

2.诱导分娩过程注意事项

　　①查清母猪群的平均怀孕日龄。

　　②在预产期前两天不要诱产。

　　③注射前，认真检查每一头母猪的耳牌号及预产期，认真观察母猪分娩前的
症状。

　　④使用长 37~50 毫米的针头进行深度肌肉注射，以防前列腺素类似物滞留皮
下脂肪层。

　　⑤诱产母猪一般在注射药剂 24~36 小时后分娩。因此，建议对怀孕 113~114
天（自然分娩的前一天）的母猪，在早上 7 时进行注射，使母猪在白天产仔。如

果在妊娠 113 天前就注射药物会降低仔猪的成活率。

　　⑥诱导分娩是指诱导提前产仔，意味着所产仔猪与足龄仔猪相比，先天不足，必须加强仔猪护理。

　　⑦诱产只是一种简单的管理方式，只有在对分娩母猪精心管理条件下，它才能够作为降低死亡率的一种辅助手段。

　　⑧头胎后备母猪最好不要采用，预产期不明确的不要采用。

　　⑨采用阴户注射效果更好，且剂量可适当减少。

阴户注射

（六）非正常分娩的处理

1. 非正常分娩的判断

非正常分娩也可以简单理解为难产，但其含义应比难产更广一些。

　　①有羊水排出，努责有规律，收缩有力，阴门松弛开放，但 1 个小时内分娩不见进展，仍无仔猪产出；或产仔间隔超过 45 分钟，母猪烦躁，极度紧张。这类非正常分娩的主要原因是：胎儿过大或有水肿的死胎堵塞产道；骨盆狭窄；胎位不正或胎儿畸形等。

　　②有羊水排出，子宫收缩无力，努责无规律，身体虚弱，呼吸频率快，分娩无进展或产仔间隔超过 45 分钟。这类非正常分娩的主要原因是：母猪年龄过大，母猪身体虚弱，产房内温度过热，子宫收缩无力等；无法实现正常分娩，包括子宫收缩无力又加上胎儿过大、胎位不正、死胎或畸形胎导致产道堵塞。

2. 人工助产

发现不正常分娩时，不应急于使用催产素，应先进行人工助产诊断。确诊不正常分娩的原因，然后采取相应的措施。如果未经诊断，盲目使用催产素，反而导致仔猪过早死亡。

　　①助产物品准备。准备碘酒、助产手套、注射器及针头、石蜡油、催产素、青霉素等。

　　②外阴消毒。消毒阴门和阴门周围地方，用外科消毒法消毒。

　　③手臂清洁消毒。助产应将指甲剪短（指尖以内）、磨光滑，用手触摸不能有刺感，用肥皂、甲酚皂（来苏尔）溶液清洗手臂，并用 2% 的碘酒消毒后涂上润滑剂或直接套上医用助产手套，在手套外层涂上润滑剂（考虑到手套会影响操

作的灵活性，多用徒手操作）。

④助产操作。掌心向下五指并拢，在母猪努责间歇时慢慢穿过阴道，伸入子宫，在子宫中找到仔猪；根据胎位抓住仔猪的后腿或头，慢慢地把仔猪拉出；如果胎位不顺，应先将仔猪推回，调整位置后再慢慢地拉出。如果两个仔猪交叉点堵住，先将一个推回去，拉出另外一个。要保证不将胎盘和仔猪一起拉出。动作要轻，不要强行向外拉，应借助子宫收缩顺势拉出仔猪，掏出 1 头后转入正常分娩，不再继续人工助产。

⑤药物催产。通过人工助产诊断，确认没有仔猪阻塞产道，产道顺畅，只是子宫收缩无力或收缩力不足时才可以注射催产素。

清洗、消毒手臂

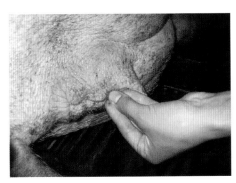

人工助产的手形

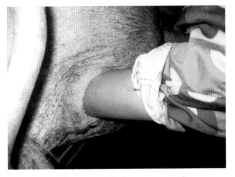

手臂伸入阴道实施人工助产

⑥切割助产。诊断检查发现，胎儿过大、骨盆或产道狭窄，无法掏出小猪且小猪已死亡，遇到这种情况应采用切割法将仔猪切成小块取出。

⑦剖腹助产。当无法切割小猪且其他仔猪仍有胎动还未死亡时，直接通过剖腹手术取出仔猪寄养，母猪手术后淘汰。

⑧加强护理。拉出仔猪后应及时清除口鼻上的黏液，以利仔猪呼吸顺畅，按接产操作规程操作，加强护理。

⑨产道保健。产后阴道内注入抗生素或其他消炎药物，同时肌注或静脉滴注抗生素，以防发生子宫炎、阴道炎。

⑩记录档案。对分娩不正常的母猪，应在母猪卡上注明发生的时间、原因，以便下一胎次的正确处理或作为淘汰鉴定的依据。

人工助产过程须注意以下事项：

①不到万不得已，不用人工助产。

②助产时应判断准确，不能用手在母猪产道内随意伸进伸出，尽量减少助产次数。助产过程应小心谨慎，最大限度地减少对生殖道的伤害。

③务必彻底消毒外阴和与生殖道接触的物品。

④助产后做好母猪的预防感染和治疗工作。

3. 使用催产素

催产素能选择性兴奋子宫，增强子宫平滑肌的收缩。其兴奋子宫平滑肌作用因剂量大小、母猪体内激素水平而不同。小剂量能增强妊娠末期子宫平滑肌的节律性收缩，使收缩舒张均匀；大剂量则造成平滑肌强直性收缩，继而麻痹，最后导致肌无力难产，甚至子宫破裂等，不但起不了催产作用而且会引起仔猪窒息死亡或引发子宫炎。此外，缩宫素能促进乳腺腺泡和腺导管周围的肌上皮细胞收缩，促进排乳。因此，合理使用催产素非常重要。

①用于促进子宫收缩，促进分娩。一般注射剂量为1~5毫升（10~50单位），分2次或3次给药。第一次一定要小剂量［0.5~1毫升（5~10单位）］给药，间隔20分钟再次给药1.0~1.5毫升（10~15单位）。如果需要，间隔20~30分钟再给药1.5~2.0毫升（15~20单位），但1小时内不得超过3次。不能使用长效催产素。

②用于治疗子宫出血。大剂量的催产素可引起子宫平滑肌强直性收缩，使子宫肌层内的血管受压，进而起止血作用。一次性给药剂量5~10毫升（50~100单位）。

（七）哺乳母猪精细化管理措施

1. 检查乳房

（1）有效预防乳房炎。每天应定时认真检查母猪乳房，观察仔猪吃奶行为和母仔关系，判断乳房是否正常。同时用手触摸乳房，检查有无红肿、结块、损伤等异常情况。如果母猪不让仔猪吸乳，伏地而躺，有时母猪还会咬仔猪，仔猪则围着母猪发出阵阵叫奶声，母猪的一个或数个乳房乳头红肿、潮红，触之有热痛感表现，甚至乳房脓肿或溃疡，母猪还伴有体温

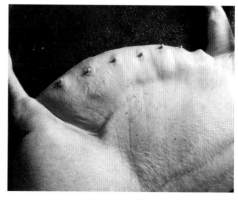

乳房肿大变硬

升高、食欲不振、精神委顿现象，说明发生了乳房炎。此时，应用温热毛巾按摩后，再涂抹活血化瘀的外用药物，每次持续按摩15分钟，并采用抗生素治疗。

①轻度肿胀时，用温热毛巾按摩，每次持续10~15分钟，同时肌肉注射恩诺沙星或甲磺酸培氟沙星或阿莫西林等药物治疗。

②较严重时，应隔离仔猪，挤出患病乳腺的乳汁，局部涂擦10%鱼石脂软膏（碘1克、碘化钾3克、凡士林100克）或樟脑油等。对乳房基部，用0.5%盐酸普鲁卡因50~100毫升加入青霉素40万~80万单位进行局部封闭。有硬结时进行按摩、温敷，涂以软膏。静脉注射广谱抗生素（如阿莫西林等）。

③发生脓肿时，要采用手术切开排脓治疗；如发生坏死，切除处理。

（2）有效预防母猪乳头损伤。其主要措施如下：

①由于仔猪剪牙不当，在吮吸母乳的过程中造成乳头损伤。

②使用铸铁漏缝地板的，由于漏缝地板间隙边缘锋利，母猪在躺卧时，乳头会陷入间隙中，因外界因素突然起立时，容易引起乳头撕裂。生产上，应根据造成乳头损伤的原因加以预防。

③哺乳母猪限位架设置不当或损坏，造成母猪乳头损伤。

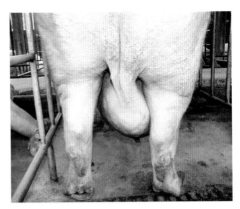
乳房肿块

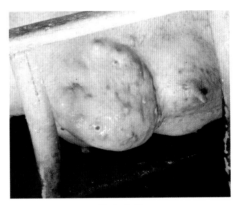
乳房脓肿

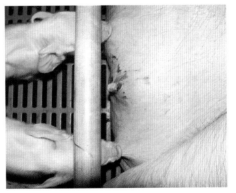
仔猪剪牙不当，造成母猪乳头损伤

漏缝地板间隙边缘锋利，造成乳头损伤

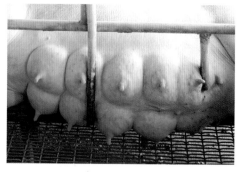

限位架损坏，损伤乳头

2. 检查恶露是否排净

（1）正常母猪分娩后 3 天内，恶露会自然排净。若 3 天后，外阴内仍有异物流出，应给予治疗，可肌肉注射前列腺素。若大部分母猪恶露排净时间偏长，可以采用在母猪分娩结束后立即注射前列腺素，促使恶露排净，同时也有利于乳汁的分泌。

（2）若排出的异物为黑色黏稠状，有蛋白腐败的恶臭，可判断为胎衣滞留或死胎未排空。注射前列腺素促进其排空，然后冲洗子宫，并注射抗生素治疗。

（3）若排出异物，有恶臭，呈稠状，并附着外阴周边，呈脓状，可判断为子宫炎或产道炎，应对子宫或产道进行冲洗，并注射抗生素治疗。

若患有子宫炎，具体来说应采取如下治疗措施：

①急性。除了进行全身抗感染处理（如肌肉注射甲磺酸培氟沙星、林可霉素，静脉注射阿莫西林等）外，还要对子宫进行冲洗。所选药物应无刺激性 [如 0.1% 高锰酸钾溶液、0.1% 乳酸依沙吖啶（雷佛奴儿）溶液等]，冲洗后可配合注射氯前列烯醇，有助于子宫积脓或积液的排出。子宫冲洗一段时间后，可往子宫内注入 80 万 ~ 320 万单位青霉素或 1 克金霉素或 2~3 克阿莫西林粉或 1~2 克的环丙沙星粉，

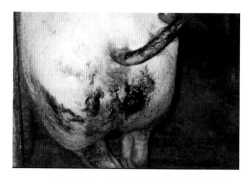

胎衣滞留，排出黑色黏稠状物

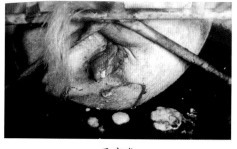

子宫炎

有助于子宫消炎和恢复。

②慢性。可用青霉素 20 万 ~40 万单位、链霉素 100 万单位，混于高压灭菌的植物油 20 毫升中，注入子宫。为了排除子宫内的炎性分泌物，可皮下注射垂体后叶素 20~40 单位，也可用青霉素 80 万 ~160 万单位、链霉素 1 克（也可选用其他广谱抗生素）溶解在 100 毫升生理盐水中，直接注入子宫进行治疗。慢性子宫炎的治疗应选在母猪发情期间，此时子宫颈口开张，易于导管的插入。

3. 检查泌乳量

（1）通过观察乳房的形态，仔猪吸乳的动作，吸乳后的满足感及仔猪的发育状况、均匀度等判断母猪的泌乳量高低（表 8-2）。如母猪奶水不足，应采取必要的措施催奶或将仔猪转栏寄养。

表 8-2　哺乳母猪泌乳量高低的观察方法

		泌乳量高	泌乳量低
母猪	精神状态	机警，有生机	昏睡，活动减少；部分母猪机警，有生机
	食欲	良好，饮水正常	食欲不振，饮水少，呼吸快，心率增加，便秘，部分母猪体温升高
	乳腺	乳房膨大，皮肤发紧而红亮，其基部在腹部隆起呈两条带状，两排乳头外八字形向两外侧开张	乳房构造异常，乳腺发育不良或乳腺组织过硬，或有红、肿、热、痛等乳房炎症状；乳房及其基部皮肤皱缩，乳房干瘪；乳头、乳房被咬伤
	乳汁	漏乳或挤奶时呈线状喷射且持续时间长	难以挤出或呈滴状滴出乳汁
	放奶时间	慢慢提高哼哼声的频率后放奶，初乳每次排乳 1 分钟以上，常乳放奶时间 10~20 秒	放奶时间短，或将乳头压在身体下
仔猪	健康状况	活泼健壮，被毛光亮，紧贴皮肤，抓猪时行动迅速、敏捷，被捉后挣扎有力，叫声洪亮	仔猪无精打采，连续几小时睡觉，不活动；腹泻，被毛杂乱竖立，前额皮肤脏污；行动缓慢，被捉后不叫或叫声嘶哑、低弱；仔猪面部带伤，死亡率高
	生长发育	3 日龄后开始上膘，同窝仔猪生长均匀	生长缓慢，消瘦，生长发育不良，脊骨和肋骨显现突出；头尖，尾尖；同窝仔猪生长不均匀或整窝仔猪生长迟缓，发育不良

续表

		泌乳量高	泌乳量低
仔猪	吃奶行为	拱奶时争先恐后，叫声响亮；吃奶各自吃固定的奶头，安静、不争不抢、臀部后蹲、耳朵竖起向后、嘴部运动快；吃奶后腹部圆滚，安静睡觉	拱奶时争斗频繁，乳头次序乱；吃奶时频繁换乳头、拱乳头，尖声叫唤；吃奶后长时间忙乱，停留在母猪腹部，腹部下陷；围绕栏圈寻找食物，拱母猪粪，喝母猪尿，模仿母猪吃母猪料，开食早
母仔互相关系	哺乳行为发动	母猪由低到高、由慢到快召唤仔猪，主动发动哺乳行为；仔猪吃饱后停止吃奶，主动终止哺乳行为	由仔猪拱母猪腹部、乳房，吮吸乳头，母猪被动进行哺乳；母猪爬卧将乳头压在身下或马上站起，并不时活动，终止哺乳、拒绝授乳
	放乳频率	放乳频率、排乳时间有规律	放乳频率正常，但放奶时间短或放乳频率不规律
	母仔亲密状况	哺乳前，母猪召唤仔猪；放乳前，母猪舒展侧卧，调整身体姿态，使下排乳头充分显露；仔猪尖叫时，母猪翻身站立、喷鼻、竖耳，处于戒备状态；压倒或踩到仔猪时，立即起身；仔猪活动到母猪头部时，母猪发出柔和的声音；仔猪听到母猪哼哼声时，积极赶到母猪腹部吃乳；仔猪紧贴着母猪下方或爬到母猪腹部侧上方熟睡	母猪对仔猪索奶行为表现易怒症状，用头部驱赶叫唤仔猪或由嘴将其拱到一边；对吸吮乳头仔猪通过起身、骚动加以摆脱；压倒、踩到仔猪时麻木不仁；仔猪急躁不安，围着母猪乱跑，不时尖叫，不停地拱动母猪腹部、乳房，咬住乳头不松口

奶水充足，仔猪发育良好

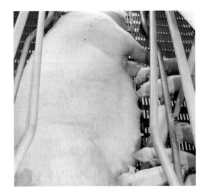

奶水不足，仔猪弱小

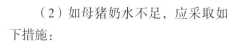
奶水充足，挤压时奶水呈直线状喷射

乳头挤不出奶水

（2）如母猪奶水不足，应采取如下措施：

①提供一个安静舒适的产房环境。

②饲喂质量好、新鲜适口的哺乳母猪料，绝不能饲喂发霉变质的饲料。

③想方设法提高母猪的采食量。

④提供足够清洁的饮水，注意饮水器的安装位置和饮水流速，保证母猪能顺利喝到足够的水。

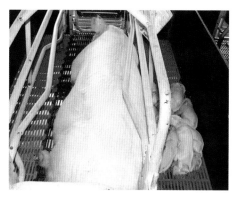
母猪拒绝仔猪哺乳

⑤做好产前、产后的药物保健，预防产后感染，有针对性地及时对产后出现的感染进行有效的治疗。

⑥催乳。对于乳房饱满而无乳排出者，用催产素 20~30 单位、10% 葡萄糖 100 毫升，混合静脉推注；或用催产素 20~30 单位、10% 葡萄糖 500 毫升混合静脉滴注，每天 1~2 次；或皮下注射催产素 30~40 单位，每天 3~4 次，连用 2 天。此外，用热毛巾温敷和按摩乳房，并用手挤掉乳头塞。对于乳房松弛而无乳排出者，可用苯甲酸雌二醇 10~20 毫克 + 黄体酮 5~10 毫克 + 催产素 20 单位，10% 葡萄糖 500 毫升混合静脉滴注，每天 1 次，连用 3~5 天，有一定的疗效。

除以上方法外，也可用中药催乳。在选择中药组方催乳剂时，要重视健脾理气和活血通经药的搭配，因乳为精血化生，而健脾可促进水谷精微化生，活血可增加血循环，均有利于乳的合成分泌和增加乳量，如可采用通乳散和通穿散。

通乳散：王不留行、党参、熟地、金银花各 30 克，穿山甲、黄芪各 25 克，广木香、通草各 20 克。

通穿散：猪蹄匣壳 4 对（焙干）、木通 25 克、穿山甲 20 克、王不留行 20 克。

4. 检查母猪采食量

由于母猪分娩过程是强烈的应激过程，分娩后母猪往往体质虚弱，容易感染各种细菌，引发各种疾病，这些极易造成母猪不吃。在生产上如发生这种情况，应认真查找引起不吃的原因，并采取相对应的措施。

5. 检查母猪健康和精神状况

哺乳母猪在分娩时和泌乳期间处于高度应激状态，抵抗力相对较弱，应及时在饲料中加入抗生素预防保健。建议从分娩前7天到断奶后7天这一段时间（含哺乳全期）添加抗生素预防保健，至少应在分娩前后7天或断奶前后7天添加。

6. 检查舍内环境

为母猪和仔猪提供一个舒适安静的环境是饲养哺乳母猪非常关键的一项工作。

7. 检查饮水器的供水情况

清洁充足的饮水对哺乳母猪的重要性甚至超过饲料，它是提高母猪采食量，确保充足奶水和自身健康的重要条件。因此每天早、中、晚定时检查饮水器，及时修复损坏饮水器，保证充足的供水。

二、分娩舍内温度管理

1. 分娩舍理想温度

分娩舍要求有两种截然不同的温度：哺乳母猪要求较低的温度，其适宜温度18~22℃；而新生仔猪则要求较高的温度，适宜温度因不同日龄而不同（表8-3）。保证仔猪和母猪都有一个适宜的环境温度，是产房每天工作的重点。

母猪洗浴入分娩舍后，3天内使分娩舍温度逐渐达到产前标准，让母猪适应分娩舍环境，减少因热应激引起死胎的发生。

表8-3　仔猪适宜温度

日龄（天）	适宜温度（℃）
1~3	30~32
4~7	28~30
8~15	25~27
16~27	22~24
28~35	20~22
36~60	18~20

在分娩舍内接近仔猪活动的高度设置温度计，使温度计的读数更接近仔猪所处的环境温度，以便根据情况适时调整。因仔猪出生后70%的体能损失是通过辐射和传导散失的。因此，在现有的条件下，充分合理地利用各种补热措施，尽可能地为仔猪创造一个温暖、无贼风、干燥的环境是十分必要的。每天检查每栋产房的环境，防止贼风侵入（以点燃香火，观察烟雾是否垂直来判断）。

分娩舍正确的测量温度位置

2. 仔猪保温方法

主要采用保温箱加保温灯或保温板保温，直接在产床上垫保温板保温以及水暖保温板保温等方法。

①保温箱保温。红外线灯多采用250瓦或175瓦，悬挂在仔猪保温箱的上方，悬挂高度不同，温度也不同（表8-4）。保温箱加盖，能够使箱内保持较高的温度，保温效果好。采用漏缝地板的保温箱要铺上木板或其他可密封的材料，避免漏缝造成热气散失，影响保温效果。在保温箱内放置温度可调节的保温板比采用保温灯保温效果更好。

表8-4　250瓦的红外线灯不同悬挂高度的温度　　　　　　　　℃

高度（厘米）	灯垂直投影与仔猪的距离（厘米）					
	0	10	20	30	40	50
50	34	30	25	20	18	17
40	38	34	21	17	17	17

注：引自《养猪生产手册》。

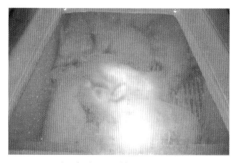

加盖的保温箱保温仔猪

采用漏缝地板的保温箱铺上垫层

②电热保温板保温。密封性能和温控条件好的分娩舍，可以不设保温箱，直接用保温板局部保温。前提是整个分娩舍的温度可以达到母猪、仔猪较为舒适的水平，同时空气质量不影响母猪、仔猪的健康。

电热保温板　　　　　　　　　　　　　　电热保温板保温

③水暖保温板保温。利用无缝钢管、耐热的聚氯乙烯（PVC）管和水泥制成特殊的保温板，置于分娩床上，在钢管内注入70℃左右的热水并形成循环。利用热水流动推力与特殊装置，使热水按一定流速持续、均衡地给保温板散热加温，并将温床控制在28~32℃，室内空气温度则通过钢管、保温板和猪体散热自然提升。

3. 直观判断仔猪保温效果

判断保温效果，可通过观察仔猪的行为和躺卧姿势判断：如果仔猪不安静，不断叫唤，发抖，被毛松乱，四处寻找温暖的角落，整窝仔猪挤堆、层叠，仔猪依附母猪身上，甚至直接睡卧在母猪身上，那么说明猪舍温度太低，保温达不到效果。

如果整窝仔猪均匀分散平卧、安静舒适，说明保温效果适中、良好。

无保温措施，仔猪寒冷打堆，说明舍温太低　　　仔猪趴在母猪身上取暖，说明舍温太低

如果在保温灯下没有仔猪睡卧，而在灯的旁边挤堆，说明保温灯悬挂的位置太低，灯下局部温度偏高，周边温度又偏低，影响保温效果。

如果保温箱中没有仔猪，仔猪又在箱外依附母猪身上，或总是一会儿进箱，一会儿又跑出去，说明保温箱内温度偏高，应及时调整，否则忽冷忽热容易引发疾病。

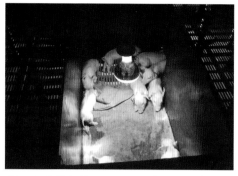

保温灯悬挂偏低，仔猪只好在保温灯旁打堆

三、分娩舍内光照管理

光照时间和强度显著影响母猪繁殖性能。延长哺乳母猪光照时间，能刺激催乳素的分泌，可显著增加泌乳量，同样有利于仔猪吮乳和教槽饲料的采食。有研究表明，从妊娠104天开始至哺乳28天结束，给哺乳母猪提供16小时长光照（8小时暗）比8小时短光照（16小时暗），断奶仔猪多1.64头，断奶窝重多18.5千克。16小时光照组母猪乳汁成分中灰分含量高于8小时光照组，且仔猪成活率提高4.3%，母猪断奶后的发情率也大大提高。因此，推荐给哺乳母猪提供光照时间为每天14~16小时，光照强度为250~300勒。

四、分娩舍饮水管理

母猪对饲料摄入量增加的同时，对水的需求量也会加大。一头哺乳母猪每天消耗30~40升的水，若母猪饮水不足将限制饲料的采食量，直接导致母猪体重下降，进而导致母猪的泌乳量减少。

仔猪生长迅速，代谢旺盛，需水量较多，母乳中的含乳脂量高，仔猪常感口渴。一般在仔猪生后3~5日龄就应该开始每天供给清洁用水。水要经常更换，以保持新鲜。安装自动饮水器供水的猪场，水压要适宜，仔猪用饮水器流速为0.5升/分钟。母猪用饮水器的最低流速为1.5~2升/分钟。要经常检查饮水器是否正常。开始饮水时要注意调教。

五、提高哺乳仔猪成活率的精细化管理措施

仔猪断奶前（哺乳期）死亡率比较高，除了遗传和营养因素外，与生产管理的精细水平关系很大。资料表明，在断奶前仔猪的死亡原因中，因踩压、虚弱仔猪、饥饿和寒冷等因素造成的死亡率高达70%以上（表8-5），而且60%死亡是发生在出生后的前3天。因此，断奶前哺乳仔猪精细化管理对于提高仔猪成活率的意义重大。

表 8-5　仔猪死亡的原因

原因	范围（%）
踩压	28~46
虚弱仔猪	15~22
饥饿	17~21
疾病	14~19
寒冷	10~19

（一）预防仔猪被踩压致死

初生仔猪反应迟钝，行动不灵活，稍有不慎，就有可能被母猪踩死或压死；出生时弱小的仔猪比个体大的仔猪更易被踩压致死。产房环境不良、管理不善会导致母猪脾气暴躁，从而造成踩压仔猪。如产房温度低，仔猪找不到取暖的地方，当母猪侧卧时，仔猪便向母猪肚子底下或腿内侧钻，此时母猪稍一活动就会压住仔猪；个别母猪生性躁动或母猪分娩时烦躁不安等，也会造成仔猪被踩压致死；

产床设置防压架，母猪不易压死仔猪

设有防压架与护仔架的分娩床

产床地板漏缝过大，卡住仔猪的脚，使它的脚无法及时抽出，也会造成踩压。仔猪被踩压致死大部分发生在产后 36~48 小时内。

预防仔猪被踩压致死可采取以下有效措施：

①保持仔猪的环境温暖、干燥，帮助它们出生后尽快吃上初乳，使仔猪更强壮，有能力逃避，避免被母猪压死。

②照顾好分娩母猪。如果个别母猪在分娩时烦躁不安，要把所有仔猪圈在有保温灯的保温箱内，直到分娩结束。在有人看管下哺乳，给烦躁不安的母猪注射镇静剂（如氯丙嗪）。

③母猪进栏前全面检查产房，并修理漏缝地板等可能卡住仔猪或造成仔猪伤害的设施。

④分娩前查阅每头母猪的以往表现，全面了解这头母猪性情，同时记录下本次分娩的表现，以便下次分娩时注意这头母猪潜在的问题。

（二）仔猪教槽补饲

仔猪教槽采食量对断奶增重影响很大。仔猪生后 5 日龄即可开始补料，诱导其采食，让其尽快学会采食，以补充母乳不足，促进胃肠发育，防止下痢，也有利于断奶过渡。

1. 仔猪料槽的选择

料槽的选用对仔猪补饲效果和饲料浪费与否影响很大。料槽选择应随着仔猪身体的生长发育而改变，以既有利于引导仔猪采食，又不会造成饲料的浪费，且保证有适宜的采食位置为原则。不宜自始至终使用一个型号的料槽。

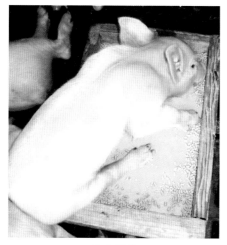

平盘料槽

不锈钢料槽

2. 仔猪教槽补饲的方法和技巧

①自由诱食。在仔猪经常出没的地方，在地板上（地面平养）或平板料槽（漏缝地板）撒一些教槽料，让仔猪拱食、玩耍，或模仿母猪采食。每天多次撒料诱食。当仔猪了解教槽料的味道后，将教槽料放在浅的料槽中，让仔猪随意采食。料槽应固定好，以防仔猪拱翻。料槽中的饲料要少添勤添，保证饲料的新鲜，防止饲料浪费。如果每头仔猪在

采用地面平养的可直接在地板上教槽补料

断奶前累计采食了600克以上的教槽料，断奶后过渡就比较顺利。

②强制诱食。将教槽料用水调制成糊状，用汤匙或直接用手挑起糊状料涂抹于仔猪口腔内，任其吞食，同时在地面上撒少许同样的教槽料。反复进行2~3天后仔猪就会逐渐学会吃料。

③母猪引导。地面平养的哺乳母猪可以在干净的地板上分散撒些教槽料，让母猪采食，仔猪会模仿母猪采食。这样可引导仔猪很快学会认料和吃料。

④液体补料。将饲料泡成稀水料（水∶料为2∶1）添加少量奶粉或代母乳料，用专用补料盆固定在产床上，让仔猪吮吸，诱导其采食，直到断奶过渡至保育期。或者从出生后第5天开始采用液体饲料，从第16天开始过渡到颗粒料。

⑤限制哺乳。在哺乳后期，可将仔猪隔离，限制哺乳次数，人为减少其对母乳的依赖，强迫仔猪采食饲料。

液体补料

代母乳料

3. 教槽料的形态

液体饲料、粉料、破碎粉、颗粒料各有其优缺点（表 8-6）。就颗粒大小而言，与大颗粒饲料（直径 3 毫米）相比，仔猪更容易采食小颗粒饲料（直径 2 毫米）。从 17 日龄仔猪开始采食饲料以后，为了使采食量最大化，也要注意颗粒硬度：水分越低，硬度越硬，仔猪越不愿意采食。因为仔猪的牙齿还没有完全发育好，故更喜欢松软的小颗粒料。

表 8-6　教槽料不同形态的优缺点比较

	液体饲料	粉料	破碎料	颗粒料
优点	早采食，主动采食，可将所有的仔猪引诱到料槽，所有的仔猪都愿意吃	与颗粒料相比，诱导采食较早，即开口时间比较早	破碎料是由大颗粒破碎成的细颗粒（含部分粉料）。采食介于粉料和颗粒料之间。由于经过熟化甚至膨化处理，故比粉料消化更好，料肉比比粉料略高	水分适宜、松软的小颗粒料，比粉料和大颗粒破碎的饲料具有更高的采食量和料肉比
缺点	容易变质，招惹苍蝇，需要经常更换，以保持新鲜。劳动强度大	难达到很大的采食量，必须同时喝大量的水，浪费比较大（表面看猪喜欢采食，实际大部分浪费掉），容易扬尘	比颗粒料脏	容易吃得太多，造成消化不良。如果颗粒太硬，则采食量很小

直径 3.5 毫米颗粒料　　直径 2.5 毫米颗粒料　　破碎料　　粉料

不同饲料形态

4. 教槽料的用量（表 8-7）

表 8-7 理想的教槽料食量估算 克

日龄	食量估算合计	小计		
10~14 天	约 50	350	600	1000
15~21 天	约 300			
22~24 天	约 250			
25~27 天	约 400			

注：实际生产上能达到理想值的 70%，即认为达到标准。

5~14 日龄：让仔猪闻其味道，以感受教槽料为目的，每天 5~25 克。

15~21 日龄：少量多餐，每次喂料都会刺激仔猪的采食好奇，喂料次数越多，提高采食量的效果越好。每天由 20 克渐增至 75 克。

22~28 日龄：真正采食教槽料的阶段，每日渐增用量到 150 克以上。

（三）精心护理虚弱仔猪

虚弱仔猪是出生时处于昏睡的仔猪，其原因可能是分娩持续时间较长，或能量储备较低，或遗传因素。这些仔猪通常吃不上初乳，因此容易饥饿而被母猪压死。应将这些仔猪放在单独的乳头下面，以利于吃奶，或人工饲喂奶粉或代母乳。

（四）预防仔猪挨饿，避免饥饿致死

初生重低（初生重低于 0.8 千克）的仔猪生存概率较低。因为在有限的能量储备消耗之前，它们不能和体重大、强壮的同伴竞争乳房周围的空间。如果得不到及时护理，且遇到寒冷的气候，仔猪将在 3 天内死亡。

较大的仔猪也会因饥饿而死亡。出生 7 天左右的仔猪饥饿与否取决于母猪。仔猪发育较快时，一部分母猪不能分泌足够的奶，无法满足全窝仔猪增长的需要。另外，当仔猪错过一次或几次吃奶时，其他仔猪会很快吃完空乳头的奶（不管乳头空闲时间多短）。有经验的管理人员应快速识别出挨饿的仔猪。

挨饿仔猪具有如下特点：

①即使同窝仔猪离开乳房，挨饿仔猪仍长时间停留在母猪的乳房周围。

②挨饿仔猪显得消瘦，脊骨十分突出。

③挨饿仔猪常发出声响，显得非常不安。吃奶时，从一个乳头跑到另一个乳头，扰乱吃奶秩序。

④挨饿仔猪无精打采，连续几小时睡觉，不活动。

分娩时和产后24~36小时内要经常对母猪和仔猪进行检查，这样可有效地降低因饥饿而造成的死亡。对于挨饿仔猪，可饲喂母猪的初乳或代乳品。利用交叉寄养，结合特殊护理和照料，可保证断奶前仔猪成活。

（五）预防疾病引起的仔猪死亡

仔猪死亡中约19%是由疾病引起的。在这类死亡中，腹泻和其他消化障碍通常是最主要的原因。一般来说，疾病不是仔猪死亡损失的主要原因。但为新生仔猪提供一个干燥、清洁的环境，避免仔猪患病，是非常重要的。

（六）做好保温工作

仔猪刚生下时身体是湿的，被毛稀疏，皮下脂肪很少，身体的温度控制机制尚未发育完全。当环境温度低于32℃时，仔猪会受冷刺激。

为使仔猪皮肤水分蒸发与能量储备下降最少，可采用出生后擦干仔猪身上水分的方法。用毛巾擦干初生仔猪身上的水分，还可以刺激仔猪，提高它们的运动能力。还可在仔猪全身涂上密斯陀等作为保温层，减少体散热，同时给仔猪保温，减少因寒冷造成的仔猪死亡。

（七）挽救后腿外翻的仔猪

后肢张开的仔猪后腿肌肉发育不良，所以后腿向一侧滑，撇开后腿坐着。严重的仔猪前腿也外翻（双外翻）。后腿外翻的仔猪不能够正常行走，因此也不能正常吃奶，常因饥饿和挤压致死。

挽救后腿外翻仔猪的方法：

①人工辅助其吃上初乳，然后有规律地照顾其吃奶或人工饲喂奶粉。为抵御寒冷，要将这些仔猪放在加热的保温箱内。

②将仔猪后腿用松紧带绑在一起（5~6厘米空隙），位置在关节结合部（对双外翻腿的仔猪，前腿也这样绑在一起）。为避免血液循环障碍，应定时将松紧带解开，一小段时间后再绑。

③可以注射ATP（三磷酸腺苷），补充能量和微量的安钠加，加强心血管循环。

④耐心进行腿部按摩，可以极大增加仔猪的生存机会。

（八）预防仔猪受到母猪攻击

有时初产母猪或少量的经产母猪会攻击仔猪，甚至会咬死或吃掉仔猪。如果发现母猪攻击仔猪，在仔猪生下时将其放到有加保温灯的保温箱内，等母猪安静后，逐渐放出来和母猪接触，母猪很快会接受它们。使用镇静剂可使过于激动或不安的初产母猪、经产母猪安静。但如果在分娩未结束时使用要格外注意，因为镇静剂会减慢分娩过程。

（九）提高仔猪成活率的其他措施

①当产程过长，有可能出现死胎时，科学使用催产素，以刺激子宫肌肉收缩。

②及时准确判断是否难产，必要时给予人工助产。人工助产的操作应尽量不造成母猪的产道创伤和感染。

③抢救出生时缺氧的仔猪。给较虚弱的仔猪补葡萄糖、奶粉或初乳。

④及时剥离包裹仔猪的胎膜。

⑤规范剪牙、断脐、断尾操作程序，做好消毒工作，避免操作不当发生的损伤和术后感染。

⑥补铁和补硒注射时要注意剂量的准确，防止过量中毒。针头及皮肤消毒要严格，防止补铁而诱发厌氧菌感染。

⑦提早去势。改变仔猪在 14~20 日龄去势的传统做法，采用在 5~7 日龄去势。仔猪出生头 3 天通过初乳获得母源

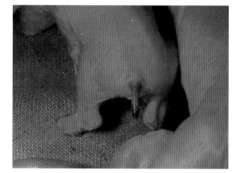

仔猪断尾方法不当而导致感染发炎

抗体的保护，抵抗力较强，不易感染；日龄小的猪有很高的疼痛阈值，在去势过程中应激少；早去势手术伤口小、出血少、愈合快。

去势双人操作法

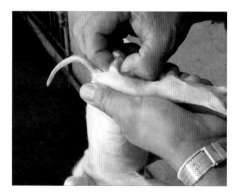

去势单人操作法

⑧千万不要认为夏天初生仔猪不要保温。夏天为使母猪舒适，往往会采取降温措施，势必无法满足仔猪对温度的需求。

⑨养好母猪，让初生仔猪吃足初乳，是提高仔猪抵抗力的根本保证。保证充

足的奶水，是确保仔猪的成活和健康的关键因素。

⑩尽早诱食并保持饲料新鲜度。提高仔猪补饲量最重要的因素之一是饲料的新鲜度。不能饲喂结块、不新鲜、陈旧的饲料。料槽中的饲料要及时清除，不要添加太多的饲料，以免饲料发霉、污染，招引苍蝇。

⑪注意不要在分娩舍内储存教槽料，以免吸入异味。更不能让粪便污染了料槽中的饲料。

⑫不要认为奶水可以代替饮水，仔猪在哺乳期内新鲜饮水供应不足，则饲料的摄入量将明显减少，可导致生长速度下降。同时饮水器的流速不应过快，压力不宜过大。饮水器安装的位置应保证仔猪容易喝到。

第九章　空怀母猪精细化饲养管理

空怀母猪的饲养目标是通过短期优饲方法，确保在断奶后 7 天内发情配种率达到 90% 以上，最大限度地提高排卵数和受胎率。

一、空怀母猪精细化管理措施

断奶后空怀母猪饲养管理工作十分重要。空怀母猪经过断奶前长时间的泌乳，体质非常虚弱，又经历母子分离和转栏等心理和生理的强烈应激，可谓"身心疲惫"，因此应给予特别的呵护。

①猪舍准备。在母猪计划转入空怀配种舍前，应全面清扫、消毒空置猪舍，修复设施，做好迎接母猪的准备。

②体况评估。母猪断奶后从分娩舍转入空怀配种舍前，按标准对断奶母猪的体况进行评分，逐一评估并记录体况的类别，为转入空怀配种舍分群做好准备。

③分类小群饲养。空怀母猪一般采用小群饲养，按体况、体重大小分类、分栏饲养，每栏 3~6 头。个别体质较差的母猪应单独饲养。

做好空栏准备，迎接新一批母猪　　　　　空怀母猪小群饲养

④个性化饲喂。依照空怀母猪不同的体况和体重标准，实施有针对性的个性化饲喂。

⑤猪舍清洁。因空怀母猪在发情期间，子宫颈口相对开张，特别容易感染细菌，引发子宫炎。因此，空怀母猪舍环境应保持清洁、干燥、卫生。

⑥档案对应。空怀母猪转栏时，母猪繁殖性能登记卡和终生免疫登记卡等档案卡应随猪转移。

⑦巡察诊疗。饲养员在每天饲喂时注意观察空怀母猪的健康状况，重点检查是否发生子宫炎或阴道炎等产道炎症，并进行早晚两次登记记录，以便及时发现、及时隔离、及时治疗；每天巡察母猪发情情况，准确确定配种时间。

⑧保健和免疫。刚转入的空怀母猪应在饲料或饮水中加药保健 3~7 天，以确保母猪的健康。根据免疫程序，按时免疫疫苗，并做好记录。

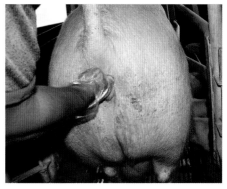

阴道检查

⑨避免相互爬跨。空怀母猪在发情时，有相互爬跨行为，因此应特别注意猪舍地面不宜太光滑，以免造成肢蹄损伤。

⑩防止咬斗。空怀母猪由单栏饲养转到小群饲养，在混养头 2 天，应加强巡查，防止它们打架斗殴。此外，尽量补充青绿饲料，放置玩耍物品，以分散它们注意力。

⑪乳房保健。认真观察乳房变化，如有发现乳房结块，应用温热毛巾按摩和热敷，并及时采取治疗措施，预防乳房炎。

⑫及时配种。达到适宜的配种时间，应转入配种专用栏适时配种，配完种后不应再返回原舍，和未配种的空怀母猪混养，应转入单栏或定位栏饲养。

二、空怀母猪体况评估方法

1. 外观判定法

根据母猪断奶体况参考图片进行评分。最佳体况评分应为 2.5~3.0，分值 4.0~5.0 为过肥，分值 1.0~2.0 为过瘦。

2. 髋骨突起触摸法

因骨盆上的髋骨突起覆盖脂肪与母体脂肪含量之间关系密切，因此利用手指触压的感觉，再对照体况评分表（表 9-1），即可判断出母猪的肥瘦。

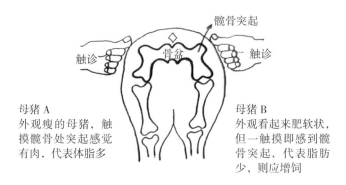

1——差　　　2——瘦　　　3——正常　　　4——肥　　　5——过肥

最佳体况评分：2.5~3.0　P_2背膘厚：18~20毫米

母猪断奶体况评分参考图

髋骨突起

触诊　　骨盆　　触诊

母猪 A
外观瘦的母猪，触摸髋骨处突起感觉有肉，代表体脂多

母猪 B
外观看起来肥软状，但一触摸即感到髋骨突起，代表脂肪少，则应增饲

髋骨突起触摸法示意图

表 9-1　髋骨突起触摸法体况评分标准

分值	臀角及尾根	背腰	脊椎	肋骨
0（很差）	臀角非常明显，尾根深凹	背腰非常狭窄，脊椎横突边缘尖锐，肋部非常空陷	整个脊椎突出明显，尖锐	肋骨外观分明
1（差）	臀角显著，但有少量组织覆盖，尾根有凹陷	背腰狭窄，脊椎横突边缘有少量组织覆盖，肋部相当空陷	脊椎明显	肋骨不太明显，不易观察到单个肋骨

续表

分值	臀角及尾根	背腰	脊椎	肋骨
2（中等）	臀角为组织覆盖	脊椎横突边缘为组织覆盖，呈鼓圆状	臀部脊椎可见，后部脊椎为组织覆盖	肋骨为组织覆盖，但可触摸到单个肋骨
3（良好）	重压后可触臀角，尾根无凹陷	重压后可触脊椎横突，肋部充实	重压后可触脊椎	肋廓不见，不易触摸到单个肋骨
4（肥）	臀角无法触摸，尾根处于脂肪包围中	无法触摸到脊骨，肋部充实鼓圆	无法触摸到脊椎	无法触摸到肋骨
5（过肥）	脂肪无法再沉积	脂肪无法再沉积	脂肪垄条间轻微凹陷，出现中线	脂肪覆盖厚实

3. 背膘测定法

采用 B 超测定 P_2 点的背膘厚度科学评判母猪体况（表 9-2）。P_2 点位置位于母猪最后肋骨左侧距背中线 6.5 厘米处。使用 B 超测定背膘厚需要工作人员有丰富的经验。该方法比其他方法评判母猪体况更准确，对生产的指导意义更大。

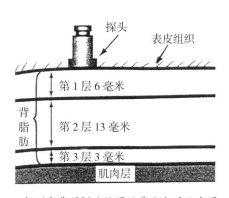

B 超测定背膘探头位置及背脂分层示意图

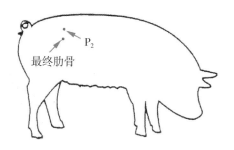

B 超测量 P_2 点背膘位置示意图

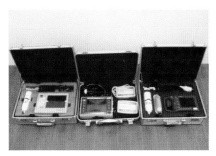

适用于背膘测定的部分型号的 B 超

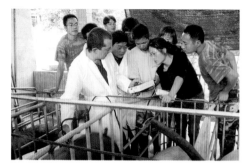

B 超测定背膘　　　　　　　　　　　　A 超测定背膘

表 9-2　母猪在繁殖周期不同阶段背膘厚度的推荐目标值　　毫米

后备母猪		经产母猪	
第一次配种时背膘厚	18~22	配种时	20~24
第一次分娩时背膘厚	20~24	分娩时	24

三、母猪发情症状

1.行为变化

对周围环境十分敏感，表现东张西望，早起晚睡，相互爬跨，扒圈跳圈，食欲不振。母猪互相爬跨，发情到一定程度时愿意接受公猪爬跨。

2.静立反应

母猪发情到一定程度时会出现静立反应，按压其背腰时呆立不动，双耳直立，眼神呆滞。

发情母猪接受公猪爬跨　　　　　　　　发情母猪静立反应

3. 外阴部变化

发情时，阴户部充血肿胀，呈一条缝状态，并有黏液流出；外阴部由柔软肿胀转变为收缩状态，由硬变软再变硬；阴道黏膜颜色多由浅红色变深红再变浅红色。未发情母猪阴户无变化。

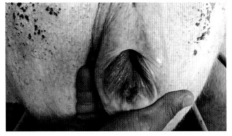

发情母猪阴户充血肿胀

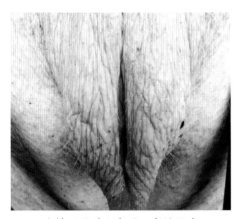

发情母猪外阴部呈一条缝状态

未发情母猪阴户无变化

四、促进母猪正常发情的方法

①公猪诱导法。用试情公猪赶到母猪舍与母猪亲密接触，嘴对嘴互相可接触到或用试情公猪去追爬不发情的空怀母猪，公猪分泌的外激素气味和接触刺激，能通过母猪神经反射作用，促进母猪发情（表9-3）。

表9-3　公猪在场时对母猪产生静立反射的影响

公猪的刺激程度	产生静立反射比例（％）
没有公猪刺激	48
闻、听	90
闻、听、看	97
闻、听、看和接触	100

从断奶的当天开始，每天让公猪在母猪面前出现时间至少30分钟；从断奶第三天开始，每天坚持赶公猪在走道内来回走4~6次。试情公猪应在2岁以上，且性欲旺盛、口水多、善交谈、行动慢的老公猪；年轻和性欲差的公猪试情效果差。用公猪试情，公猪和母猪应分开饲养，越远越好。

此外，也可把母猪赶到公猪舍，让母猪与公猪广泛亲密接触，促进母猪发情。此法比公猪赶到母猪舍更为有效，但对规模大的猪场操作上不是非常方便。

把断奶母猪赶到公猪舍，促进发情

如试情公猪气味不够或没有试情公猪，可以选择向母猪喷洒公猪气味香水或向母猪涂抹公猪气味棒。公猪气味香水或气味棒内含有高浓度的雄烯酮（也叫雄甾烯酮），该物质大量存在于公猪的口水中，是公猪身上骚味的来源。它可激发母猪发情，促使断奶母猪愿意接受公猪配种或人工授精，缩短从断奶到重新发情的天数，也可测试出母猪交配或人工授精之最佳时机，增加受精的成功率。公猪气味香水的使用方法：对准断奶母猪在其鼻子前20厘米处喷洒两次，每次约喷0.1毫升，两次喷洒约隔1秒。同一头母猪一天早晚须喷洒一回，每回喷洒两次。母猪在喷洒24~48小时后，即出现发情状态。公猪气味棒则在母猪的鼻孔位置涂抹，一天早晚两次。

喷洒公猪气味香水诱情

②合群并圈。把不发情的空怀母猪合并到有发情母猪的圈内饲养，刺激发情。

③按摩乳房。每天早晨喂食后，用手掌进行表层乳房按摩约10分钟，几天后母猪出现发情症状后，再进行表层和深层乳房按摩各5分钟。

合群并圈诱导发情（室内垫料地面）

④加强运动。对不发情母猪进行驱赶运动，让它接受日光的照射，呼吸新鲜空气，以促进发情。

⑤利用激素催情。人绒毛膜促性腺激素（HCG）一次肌肉注射 500~1000 单位。如将人绒毛膜促性腺激素 300~500 单位与孕马血清（PMS）10~15 毫升混合肌肉注射，不仅诱情效果明显，还可提高排卵数。

⑥体况过肥或过瘦的母猪，分别采用限制饲养或加强饲养的方式进行调整。对于过肥母猪，也可通过提高运动量促进发情。

⑦热应激造成母猪乏情或采食不正常而影响发情，可采取通风降温等措施，创造舒适环境，减少母猪应激，提高采食量，促进发情。

五、空怀母猪环境控制

1. 环境温度管理

一般分娩哺乳舍内温度相对较高，哺乳母猪断奶后转空怀配种舍时，注意温差不能太大，否则会造成强烈的应激，对发情排卵不利，因此空怀配种舍的温度应与分娩哺乳舍接近，让母猪有一个过渡和适应期。

空怀母猪的适宜温度为 16~20℃，若温度过高势必影响发情率，延长断奶至再发情的间隔时间（表 9–4），降低排卵数和受胎率。此外，空气相对湿度控制在 60%~80%，最高不能超过 85%。

表 9–4　温度对母猪断奶至发情间隔时间的影响

组别	头数	温度（℃）	断奶至发情间隔时间（天）	发情持续时间（天）	发情率 (%)
水帘舍	33	25~28	4.2	2.5	85
普通舍	33	28~33	4.7	2.3	75

2. 环境光照管理

空怀母猪舍和配种舍，需要明亮的光照，以利于母猪发情和排卵，提高发情率和受胎率。空怀母猪推荐光照时间为每天 16 小时光照、8 小时黑暗，光照强度为 350 勒。

六、空怀母猪屡配不孕的原因及解决方法

1. 空怀母猪屡配不孕的原因

①空怀母猪配种时间不当，错过了最佳输精时间。

②母猪有发情症状，但没有排卵。

③配种或人工授精方法不当，造成未受孕。

④精液质量差。

⑤母猪患有隐性子宫内膜炎等生殖系统疾病。

⑥营养、环境、气候等因素造成母猪乏情。

2. 空怀母猪屡配不孕的解决方法

①检查公猪精液品质，确保配种或人工授精时精液输入的数量和质量。

②由丰富经验的配种人员配种，根据不同类型母猪确定发情时间，准确掌握配种时间，同时可适当增加配种次数。

③认真检查母猪以往病史及身体状况，重点检查有无子宫炎等繁殖疾病。如有，采取有效的治疗措施。

④第一次配种的同时，可肌肉注射促排 3 号（主要成分为人绒毛膜促性腺激素），以促进母猪排卵受精。

七、合理的胎龄结构

胎龄结构是指猪场满负荷均衡生产后，在基础母猪群中，各胎次占基础母猪群的比例。大量的研究和生产统计均表明，母猪 2~7 胎繁殖性能较好，3~6 胎繁殖性能最好，能发挥种猪群最佳繁殖优势，7 胎以后繁殖性能开始下降，初产母猪和 9 胎以上母猪繁殖力显著低于其他胎次。因此母猪作为猪场的重要生产工具是影响猪场效益的首要因素，如何构建、保持良好的胎龄结构，提高母猪群体生产水平，实现猪场最大效益，是规模化猪场精细化管理的核心问题。

原则上规模化猪场应根据自己的生产情况，建立适合自己猪场的实际胎龄结构标准，商品场大原则为 2~7 胎要占 80% 以上，8 胎及 8 胎以上在 5% 以下，1 胎占 15% 左右。规模化商品猪场的合理胎龄结构见表 9-5，育种场的胎龄结构要按照育种的需要来制订。

表 9-5　规模化猪场的合理胎龄结构

胎次	1胎	2胎	3胎	4胎	5胎	6胎	7胎	8胎及8胎以上
胎龄结构比例（%）	16	15	14.5	14	13.5	13	10	4

　　胎龄结构合理，各胎次分布比较均匀，这有利于生产计划的制订和周期性生产的安排，有利于生产资本的有效利用，有利于猪场疫病的控制与净化，有利于实现生产效益最大化。

　　建立周、月、季度胎龄结构报表，定期监测胎龄结构动态，及时淘汰生产性能差的母猪，及时按比例补充后备母猪，是构建合理的母猪胎龄结构和保持母猪胎龄结构长期稳定的有效手段。

八、母猪淘汰标准

　　①已经严重影响生产的患肢蹄疾病或受损伤（如拐脚、严重关节炎等）的母猪。

　　②产后瘫痪无法治愈的母猪。

　　③初产母猪断奶后超过45天、经产母猪断奶后超过65天不发情，经催情处理仍然不发情的母猪。

　　④连续两次发情配种仍然不孕的母猪。

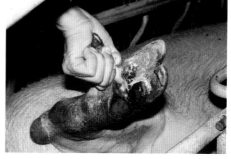

患有严重肢蹄疾病的母猪

　　⑤连续流产两次的母猪。

　　⑥泌乳性能差，连续两胎21天断奶窝重均低于30千克的母猪。

　　⑦连续两胎所生小猪20日龄内全部或几乎全部死亡的母猪。

　　⑧连续两胎产死胎或死胎一半以上的母猪。

　　⑨连续两胎总产仔数低于6头（含死胎、木乃伊）的母猪。

　　⑩发生子宫炎，有脓性发臭的分泌物，无法治愈的母猪。

　　⑪有严重恶癖（"咬小猪"），性情暴躁，神经敏感，拒绝哺乳等母性不好的母猪。

　　⑫发生了子宫脱、阴道脱、直肠脱的母猪。

　　⑬乳房严重损伤，或有炎症、脓肿、肿瘤且难以治愈的母猪。

⑭有其他明显恶劣的病症、顽症，无实际生产价值的母猪。

母猪子宫脱

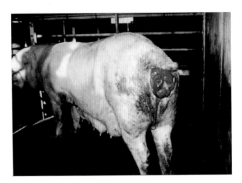

母猪直肠脱

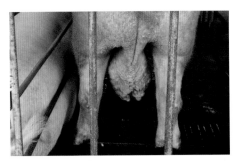

患有乳房瘤的母猪

患有恶疾且无生产价值的母猪

第十章　断奶及保育仔猪精细化饲养管理

仔猪断奶及保育期间的管理目标是最大限度地提高保育仔猪的成活率、生长速度，确保仔猪的健康度和整齐度，减少饲料的浪费，提高饲料利用率。

一、断奶仔猪精细化管理措施

（一）确定适宜的断奶时间

仔猪的断奶时间与母猪的繁殖利用率及猪场的经济效益关系密切。从理论上讲，21 日龄断奶与 35 日龄断奶相比，每头母猪年产仔数可增加 2.4 头（表 10-1），每产一头仔猪可节省饲料 4 千克（表 10-2），可提高分娩架的利用率和固定资产的利用率（表 10-3），同时提早断奶还可减少母猪泌乳失重，缩短母猪断奶后到再发情配种间隔时间等。但从母猪生理上看，母猪分娩后 21 天，子宫才会从分娩过程中完全恢复；从母猪的泌乳规律来看，21 天左右达到泌乳高峰；从哺乳期长短对断奶再发情间隔影响的结果来看，小于 15 天和多于 30 天哺乳将增加母猪断奶到再发情的间隔时间。因此，生产上在 21~28 日龄断奶是较为适宜的，不提倡早于 15 日龄断奶的做法（除特殊目的外），再说过早断奶从动物福利的角度也是不可取的。

表 10-1　仔猪不同断奶日龄对母猪产胎数和产仔数的影响

断奶日龄（天）	繁殖周期（天）	每头母猪年产胎数	每头母猪年产仔数
15	136	2.68	28.1
21	142	2.57	27
28	149	2.45	25.7
35	156	2.34	24.6

表 10-2　不同断奶日龄造成仔猪生产成本的差异比较

断奶日龄（天）	每头母猪年耗料（千克）	年产仔数	每头仔猪分摊母猪料（千克）	以 35 日龄为对照，每头仔猪可节省饲料（千克）
15	1100	28.1	39.1	− 5.6
21	1100	27	40.7	− 4
28	1100	25.7	42.8	− 1.9
35	1100	24.6	44.7	0

表 10-3　每个分娩架每年提供不同断奶日龄的仔猪数量

项目	断奶日龄（天）		
	15	19	大于21
每年每栏仔猪	129	112	84

许多资料都提出仔猪早期断奶的概念。仔猪早期断奶是一个相对的概念，是指断奶时间从传统养殖的 56~60 日龄提早到 21~28 日龄，随着养猪设施的不断改进，饲料营养水平的提高，21~28 日龄断奶已经得到广泛的普及。因此，生产上应根据实际情况科学确定断奶时间，不应机械地强调所谓的早期断奶。

（二）提高仔猪断奶体重

许多研究和调查结果显示，生长肥育猪的生产性能不仅受制于初生体重，也与断奶体重有较大的关系（表 10-4）。一般来说，断奶体重越高，其后生长速度相对越快，达上市体重的天数也越明显少于断奶体重较轻的仔猪。因此，必须加强哺乳母猪饲养，提高泌乳量，同时尽早教槽补饲，想方设法提高断奶体重。

表 10-4　断奶体重对其后生产性能的影响

项目	断奶后天数与体增重（千克）			
断奶体重（千克）	28 天	56 天	156 天	上市日龄（天）
4.5~5	12.3	27.6	—	—
5.4~5.9	13.9	30.2	107.4	182
6.3~6.8	15.1	31.8	109.3	179
7.3~7.7	16.2	33.9	113	174
8.2~9.1	17.2	35.4	113.8	172

(三) 采取适当的断奶方式

1. 一次性断奶

当哺乳仔猪达到预定断奶日期时一次性将母猪和仔猪分开，终止哺乳。一次性断奶通常有两种做法：

①在断奶当天将母猪赶走，仔猪留存原栏中继续饲养 5~7 天，然后转出分娩舍。

②在断奶当天一次性同时将母猪和仔猪分开，母猪转入空怀舍，仔猪转入保育舍。

2. 分批断奶

将一窝内体重较大的已学会采食饲料的强壮仔猪在预定断奶时间前 5 天左右有选择地先行断奶。仔猪直接转入保育舍保育，其他相对较小的仔猪在到预定断奶时间时再断奶，这样可以使体重较小的仔猪有机会吃到更多的奶，以提高其断奶重，提高育成率。第二批断奶的仔猪同样可以采用先赶母猪，仔猪原栏过渡或一次性同时将母猪和仔猪转出分娩哺乳舍的做法。

分批断奶（仔猪一次性转出）

（四）减少断奶应激

①饲料应激。从优质、液态、营养高度均衡、极易吸收的母乳转变为固体饲料。

②心理应激。恋母情结引起的心理失落，引发的心理应激，表现为烦躁、不安定，个别甚至绝食。

③环境应激。断奶后由于母猪的离开或仔猪变换猪舍造成的环境温度以及其他环境因素的变化造成的应激。

④生理应激。由于断奶引发仔猪体内体液和激素平衡的失调，肠道微生物菌群的平衡失调而引发疾病。

（五）仔猪断奶过程注意事项

①仔猪断奶显然都以仔猪日龄来确定断奶时间，但更应该关注仔猪的体重，21 日龄断奶标准体重应不低于 6 千克，28 日龄断奶体重应不低于 7 千克。因此，应综合日龄和体重等因素来决定具体的断奶时间。

②如果断奶仔猪达不到相应日龄的标准体重，应认真查找和改进哺乳期整个饲养管理系统存在的问题，而不是通过延长哺乳时间来解决问题。

③大部分猪场仔猪断奶都采用母猪移出、仔猪留栏5~7天的方法，但近年来由于蓝耳病、圆环病毒病等疫病的威胁，这种断奶方法存在着导致断奶仔猪发生多系统衰竭综合征的风险，所以对于有疫病威胁的猪场，提倡采用一次性断奶，断奶后仔猪立即转入保育舍的断奶方法。

④仔猪断奶时务必采用"全进全出"生产模式，部分断奶时达不到断奶体重的仔猪，需要继续哺乳的，应转入隔离舍，或专门设置的用于隔离集中饲养弱小猪的猪舍（也称保姆舍）。严禁放在原舍中继续哺乳，严禁寄养给下一批进栏的新母猪。

二、保育仔猪精细化管理措施

1. 保育舍进猪前的准备

①在上批保育仔猪转出后，把剩余的饲料清扫干净，收回利用，将粪便清扫干净。将可拆卸的房间中所有的隔板、饲料槽垫板拆开，彻底冲洗整个房间的窗户、天花板、地面、墙壁、料槽、水管、加药器。同时，将下水道中的污水排放掉，并冲洗干净，做到不留死角，无蜘蛛网和苍蝇的粪便，无积尘，特别不能遗留粪便和灰尘。

料槽未清洗干净

②修理栏位、饲料槽、保温箱，检查每个饮水器是否通水，检查加药器是否正常工作，检查所有的电器、电线有无损坏，检查窗户是否可以正常关闭。

③猪舍消毒。保育舍要求采取"全进全出"生产模式，尽量采用熏蒸消毒方法消毒猪舍。熏蒸消毒24小时后，开启所有门窗通风空置7天以上。准备进猪前一天，选用合适的消毒药进行喷雾消毒，再次对猪舍全面彻底消毒一次，方可迎接断奶仔猪。

所有设备清洗干净，做好进猪准备

2. 仔猪的转入和调整分群

①断奶猪转群时尽量按原窝转群，原窝保育。同窝猪互相认识，不打斗，转移到新的环境后应激小，仔猪之间的疫病传播少，生长更快，死淘率低。如果两窝合群保育，应将邻近的两窝猪合并转群保育；如果多窝合群大栏保育，应将左右邻近的几窝比较熟悉的猪合并转群保育，且群内仔猪的日龄差异应控制在 7 日内。

仔猪原窝转入保育舍

②根据保育舍的猪栏大小和上述原则，事先在分娩舍中将要转群、合并的猪做好规划，然后严格按规划转猪。如果转群过程要混群，将不同窝或群的猪只做上记号区分开，到保育舍后按记号分栏保育。

仔猪整批转入保育舍

③每窝只要把明显弱小的留下来，最后集中起来转移，单独饲养；其他的就原窝合并，不用再大幅度挑选，再整群合群，以减少应激。传统的做法是按体重的大小进行分栏保育，似乎有一定的道理，但实际上并不科学，体重相同的仔猪在确立社会等级时困难更多，因此最好的方式是原窝保育。在猪栏中设置隔板或小间，可以提供群体等级低的仔猪躲藏的场所，避免受到伤害。

④每栋保育舍应保留 2~3 个空栏作为机动，以便安置、隔离保育仔猪里挑出的弱小仔猪。

3. 断奶仔猪的饲喂

仔猪断奶前主要靠母乳提供营养，断奶后要开始采食固体饲料，这需要一个时间较长的过渡和适应过程。由于断奶所产生的应激，一般断奶后当天仔猪几乎是不吃料的，断奶后第一天采食量平均为 60 克左右，第二天约 150 克，第三天约 180 克，第 4~7 天增速稍缓（每天递增 10~20 克），第八天开始采食量增加幅度比较快（每天递增 30~50 克，有的甚至超过 50 克）。这说明仔猪断奶后第一周吃的饲料比较少。然而断奶后第 1 周的高采食量非常重要，因此做好断奶仔猪饲喂工作十分重要。

①固体饲料饲喂。根据不同的猪栏结构采取不同的诱食方法。半漏缝地板的猪栏在地板上撒少量的乳猪料；全漏缝地板的猪栏垫有木板、橡胶垫或平板料槽，撒少量的乳猪料，容易诱导断奶仔猪开始采食。选择明亮、醒目、对仔猪有吸引力的料槽，且少量多餐（每日至少分6~8次），定时控量投放，以保持饲料新鲜。每天对栏内进行饲料清扫回收，以杜绝饲料浪费。

在地板上撒少许饲料诱食

加设液体饲料料槽

②液体饲料饲喂。与固体饲料饲喂相比，水和饲料结合的液体饲喂，更像猪的母乳，可以减少一些应激，使断奶仔猪吃得更多一些，有利于短时间内提高采食量。液体饲喂情况下，仔猪在断奶后4天的饲料采食量是固体饲料饲喂的1.5倍，生长更快，患病较少，均匀度得到提高。

人工液体补料

液体饲料饲喂

③固体饲料与液体饲料相结合饲喂。断奶后头几天里，在正常的饲喂固体饲料料槽的附近额外加一个料槽，饲喂用固体饲料加水混合成的液体饲料。液体饲料要求现拌现喂，每次投入的饲料量以1.5小时之内吃完为宜。每天饲喂3~4次，逐天减少次数。每次在液体饲料吃完后的间隙，在液体饲料料槽中添加少量的固

体饲料，并逐次增加。6天后停止饲喂液体饲料，将额外增加的料槽收起，全部正常投喂固体饲料。

4.仔猪定位调教管理

新断奶转群的仔猪吃食、卧位、饮水、排泄区尚未形成固定位置，所以要加强调教训练，使其形成理想的睡卧区和排泄区。方法是：排泄区的粪便暂不清扫，诱导仔猪来排泄，其他区的粪便及时清除干净。对不到指定地点排泄的仔猪进行哄赶并加以训斥。当仔猪睡卧时，可定时哄赶到固定地点排泄，经过一周调教，可建立起定点睡卧和排泄的条件反射。

对断奶仔猪进行"三定点"调教

5.仔猪健康检查

每天早上进入猪舍后，首先在猪处于安静状态时观察有无腹式呼吸、呼吸困难等症状；其次观察猪大便，看是否拉稀、拉稀比例等；然后将猪赶起，进一步检查精神面貌，有无咳嗽症状，肛门有无拉稀的痕迹等。如少数仔猪打堆嗜睡，要考虑仔猪可能不舒服；大多数仔猪堆集一块，可能室温不够。有疾病不健康的猪有如下征候：垂头夹尾，肤色苍白，精神萎靡，不活跃，蜷缩一旁，四肢无力，颤抖，腹泻拉稀等。如发现病猪，做好记号并报告技术人员，以保证病猪及早得到治疗。

6.空气新鲜度检查

除了保证猪舍的温度外，每天也要根据猪只的大小和密度及空气质量，进行适当的通风，以降低保育舍的氨气等有害气体的浓度，创造一个良好的生长环境。

7.栏内外清洁卫生

每天做好栏内外卫生，对刚进栏1~10天的仔猪的粪便进行清扫，每天不少于6次，其他阶段卫生一天不少于2次。多清扫，少冲水，重定位。如一定要冲洗猪栏，也应始终保持仔猪睡觉的位置干燥，严禁将其冲湿。可在保育栏中放置木板，供其睡觉，保持木板的干燥。猪栏卫生差、生存环境恶劣，对

保育栏中放置木板，干燥舒适

保育仔猪是致命的，应引起足够重视。

8. 猪群的调整

保育仔猪在饲养过程中，应及时将不合群、弱小、健康度较差的仔猪挑出，放入事先预留的空栏中饲养，并加强护理，确保整批保育仔猪的整齐度和育成率。病猪应及时转入隔离舍隔离饲养并治疗。

猪栏卫生差，生存环境恶劣

9. 饮水加药器的设置

保育舍最好设置专用的饮水加药器，配套独立的饮水系统或直接和原有的饮水系统相连，并加设转换开关，以便于添加药物、水溶性维生素、电解质等，也便于饮水加药保健和疾病治疗。

10. 采食空间的确定

每3只仔猪至少提供一个采食空间，保持饲料新鲜和饲槽清洁。如果采食空间不够，那么有些仔猪无法采食到足够饲料，影响生长，并造成仔猪大小不均，影响育成率。

11. 光照管理

许多仔猪在断奶后才真正开始学习采食饲料，特别是直接转入保育舍的猪，环境改变了，仔猪寻找料槽和饮水，以及向同窝的仔猪学习采食饲料都需要一个过程，此外，光照可增强仔猪肾上腺皮质的功能，提高免疫力，促进食欲，增强仔猪消化功能，从而提高增重速度和成活率。因此在断奶后3天应保持24小时光照，3天之后每天保持18小时光照，光照强度为60~100勒，一直到保育期结束。

12. 仔猪咬斗的预防

刚断奶仔猪常出现咬尾和耳朵，互相吮吸乳头、包皮等现象，主要原因是刚断奶仔猪企图继续吮乳；当然，也有因饲料营养不全、饲养密度过大、通风不良等应激所引起。预防办法是在改善饲养管理条件的同时，将被咬的猪隔离出来，有针对性地采取相应措施，同时为仔猪提供玩具，分散注意力。

13. 玩具的设置

可以在栏里设置铁环、铁栏、木块、轮胎等玩具供仔猪玩耍，以满足其探索心理，减少互相咬斗等异常行为。

14.防疫、驱虫和保健工作

及时、有效实施免疫注射和驱虫、保健工作。刚从分娩舍转入保育舍后连续加药保健 7~10 天；转入保育舍 14 天后，开始在饲料中添加驱虫药连续饲喂 5~7 天，以驱除体内寄生虫，紧接着喷雾驱除体外寄生虫；严格按本场制订的免疫程序适时免疫；及时淘汰无饲养价值的仔猪。

设铁链等玩具供仔猪玩耍

15.记录并称重

对进入每栏的断奶仔猪进行称重并记录；记录每天的饲料消耗（饲料消耗卡）；记录每次免疫疫苗种类（疫苗注射记录卡）、注射剂量和日期；记录猪只使用药品情况（药品消耗卡）；记录猪只死亡原因和日期（猪只死亡信息卡）。

16."全进全出"生产模式

保育仔猪务必采用"全进全出"生产模式，整批转入整批转出，达不到规格的保育仔猪也不能继续留在原栏饲养，应转到隔离舍（保姆舍）饲养。这样既有利于空栏冲洗和消毒，又能避免不同猪舍间猪混群时的疾病传播。

17.保育仔猪的出栏

一般的保育舍饲养期为 5~7 周，当猪只生长到 60~77 日龄、体重在 20~30 千克以上时，就需要及时将猪只移到育肥舍进行饲养。在移猪时，最好不要进行混群，以减少争斗，减少应激。

三、保育舍环境控制

1.密度控制

保育仔猪最好从分娩舍原窝转入。如果不能原窝保育的，每栏以 2 窝合并，15~20 头为宜，最好每栏为 15 头。全水泥地面平养，每头占地面积不低于 0.5 米^2；漏缝地板养殖，每头占地面积不低于 0.3~0.35 米^2。饲养密度过大造成的应激会影响猪的增重和饲料报酬。试验表明：10 头一群的猪平均日增重为 580 克，20 头、30 头、40 头一群的猪平均日增重，比 10 头一群的分别减少 5%、8% 和 10%，饲料消耗分别增加 9%、8% 和 10%，体重达 90 千克天数比 10 头一群（平均 123 天）

半漏缝地板合理密度

饲养密度过大

的分别增加 6 天、8 天和 12 天。

2. 温度控制

保育仔猪适宜温度为 18~22℃，最高不应超过 30℃；空气相对湿度适宜范围为 60%~70%，最高不宜超过 80%。一般要求仔猪断奶后第一周内的环境温度可以适当高一些，控制在 25℃左右，以后每周的温度分别为：第二周 22~23℃，第三周 20~21℃，第四周 18~20℃。

保育舍的保温因猪舍结构不同，可采取不同的措施：开放式猪舍可临时搭建保温室，并在地面加铺木板，人工调节小环境温度；密闭式猪舍可设置电热保温区或在地面埋设管道，用热水循环供热，建造水暖保温地板。可通过仔猪行为判断温度是否适宜：如果仔猪打堆，说明温度偏低；如果仔猪均匀分散，则温度适宜。

开放式猪舍采用小环境保温

地面加铺地板，有利保温

设置电热保温区

地面下埋置热水管道，建造水暖保温地板

环境温度适宜，仔猪健康

3. 保育仔猪的饮水器配置和安装

水是猪每日食物中最重要的营养，断奶后 3 天，每头仔猪饮水可达 1 千克，4 日后饮水量直线上升。饮水不足，会使猪的采食量降低，直接使猪的生长速度降低 20%。高温季节，保证供给猪充分饮水，更为重要。天气太热时，仔猪常会因抢饮水器而打架，有些仔猪还会占着饮水器取凉，使别的小猪不便喝水。还有的仔猪喜欢吃几口饲料又去喝一些水，往来频繁，如果不能随时喝到水，则吃料也就受影响。6~8 头仔猪应设置一个饮水器，所以保育栏每栏至少应安装两个以上饮水器（按 50 厘米距离分开装），其中一个安装高度为 26~28 厘米，另一饮水器安装高度为 36~38 厘米。两个饮水器可安装为可调节式，10 天后将安装较低饮水器的高度调为另一饮水器高度。饮水器嘴向下倾斜约 15°，以方便其咬饮。饮水器流速见（表 10-5）。水压过低，仔猪饮水不足；水压过大，仔猪无法正常饮水。饮水的温度一般应控制在 25℃ 以下。预防饮水器在猪舍外被太阳暴晒，使水温升高而影响饮水。要经常检查饮水器出水是否正常。

表 10-5　饮水器的出水量

猪的周龄或体重	出水量（毫升 / 分钟）
3~6 周龄	500~800
6~30 千克	800~1200
31~50 千克	1000~1500
51~110 千克	1500~2000

四、保育仔猪精细化饲喂策略

1.营养要求

仔猪是猪一生中最重要的生长阶段之一，从胚胎到初生再到断奶的整个过程中，其消化系统结构和功能经历了发生、发展和成熟的过程，经历了营养、心理、生理和环境四大方面的应激，同时也是一个生长非常快的阶段，因此仔猪的饲料质量和饲喂方法对其影响巨大。仔猪饲料应选用消化率高、适口性佳、水溶性好、抗营养因子少的原料，如乳制品、酶解大豆蛋白质、膨化玉米、优质鱼粉等。从仔猪出生到保育结束，根据仔猪不同的生长发育阶段，结合生产阶段的划分，通常配套提供教槽料、断奶过渡料、保育料；配合精细化饲养管理，保育料也可分为保育前期料和保育后期料。保育前期料的主要营养标准可参照断奶过渡料，但原料的选择，特别是适口性和消化率应有所区别。仔猪各阶段的日粮主要营养成分需求推荐值见表 10-6。

表 10-6 仔猪各阶段日粮主要营养成分需求推荐值

饲料种类	参照标准	净能（千卡/千克）	消化能（千卡/千克）	粗蛋白质（%）	可消化赖氨酸（%）	可消化蛋氨酸和胱氨酸（%）	钙（%）	总磷（%）	有效磷（%）
教槽料	推荐	2520	3500	20.0	1.40	0.81	0.70	0.60	0.40
	NRC标准（第11次修订版）（参考小猪7~11千克体重的营养标准）	2448	3542	—	1.35	0.74	0.80	0.65	0.40
	行业标准（NY65-2004）（参考小猪3~8千克体重的营养标准）	—	3350	21.0	1.42	0.81	0.88	0.74	0.54

续表

饲料种类	参照标准	净能（千卡/千克）	消化能（千卡/千克）	粗蛋白质（%）	可消化赖氨酸（%）	可消化蛋氨酸和胱氨酸（%）	钙（%）	总磷（%）	有效磷（%）
断奶过渡料（保育前期料）	推荐	2460	3450	19.0	1.20	0.70	0.68	0.58	0.36
	NRC标准（第11次修订版）（参考小猪11~25千克体重的营养标准）	2412	3490	—	1.23	0.68	0.70	0.60	0.33
	行业标准（NY65-2004）（参考小猪8~20千克体重的营养标准）	—	3250	19.0	1.16	0.66	0.74	0.58	0.36
保育料	推荐	2440	3400	18.0	1.05	0.61	0.66	0.56	0.32
	NRC标准（第11次修订版）（参考小猪25~50千克体重的营养标准）	2475	3402	—	0.98	0.55	0.66	0.56	0.31
	行业标准（NY65-2004）（参考小猪20~35千克体重的营养标准）	—	3200	17.8	0.90	0.51	0.62	0.53	0.25

注：本表中NRC标准中的有效磷为全消化道标准可消化磷。

2. 保育仔猪的饲喂策略

不同的猪场饲养管理习惯、追求的饲养目标不同，以及采购的条件不同，可选择不同的饲喂策略（表10-7）。就精细化饲养管理的要求来说，最好采用饲喂策略1，即哺乳阶段饲喂教槽料、保育过渡期饲喂断奶过渡料、保育期分别饲喂保育前期料和保育后期料。不管采用哪一种饲喂策略，都应遵循以下原则：

①少量勤添。少量多次的投料动作可刺激并诱导仔猪采食欲望，提高采食量。

②保持饲料的新鲜干净。各阶段仔猪料营养丰富，极易生虫、变质，因此须妥善保管饲料，预防变质和不受污染。

③各阶段饲料变更转换时均要求适当过渡。

④保证适宜的采食位置和供给充足清洁的饮水是确保饲料品质得到充分发挥的重要条件。

表 10-7　仔猪饲喂策略推荐

饲养阶段	哺乳阶段	保育阶段		
	哺乳教槽补料期	保育过渡期（断奶后 1~14 天）	保育期	
			保育前期（断奶后 15~28 天）	保育后期（断奶后 29~42 天）
饲喂策略 1	教槽料	断奶过渡料	保育前期料	保育后期料
饲喂策略 2	教槽料	断奶过渡料		保育后期料
饲喂策略 3	教槽料	保育前期料		保育后期料
饲喂策略 4	教槽料	断奶过渡料	保育料	
饲喂策略 5	教槽料		保育料	
饲喂策略 6	教槽料		保育前期料	保育后期料
饲喂策略 7	教槽料		保育料	
饲喂策略 8	断奶过渡料		保育料	

3. 提高断奶仔猪过渡期的增重

Owsley（1990）等许多学者的研究结果显示，乳猪断奶后第一周的增重对其后期的生产性能和胴体品质有重要的影响，从而影响其所能创造的效益。从表 10-8 的数据可以看出。断奶后一周日增重小于 0 克（负增长）和日增重大于 230 克相比较，在同样的饲料、同样的饲养管理水平和生活环境下，断奶后 156 天的体重差别 8 千克，同时第一周增重越快的猪，长大后体型越好，瘦肉率越高。因此仔猪断奶过渡期的饲养效果与其全期的生长发育密切相关，与养猪的经济效益密切相关。这说明在断奶过渡期尽管用最好的饲料，即使再大的投入都是值得的。

表 10-8 断奶后 1 周内增重速度对后天生产性能的影响

21 日龄断奶	平均日增重（克）	断奶后不同饲养天数时的体重（克）			至上市体重的天数（天）
		28 天	56 天	156 天	
平均体重 6.2 千克	≤ 0	14.7	30.1	105.5	183.3
	0~150	16	31.9	108.4	179.2
	151~227	17	32.5	111.4	175.2
	> 227	18.2	34.8	113.5	173

仔猪断奶后的生长与否对养猪经济效益的影响，以往很少有人注意到，因为养猪户或技术员们更注重的是断奶后猪有无拉稀、能否成活，其次才关心有无生

长。因此，传统的断奶仔猪的饲喂方法是控制仔猪采食，限制饲喂，这势必引起仔猪生长迟缓，影响全期的生产水平。现行生产要求仔猪断奶后应让其自由采食，充分生长发育。

五、仔猪吃粪尿的原因及预防

在生产上往往会遇到仔猪吃粪尿或饲养员进栏做卫生、用水冲栏时，成群猪会抢着喝冲栏水的现象。出现这种现象的主要原因是仔猪饮水不足，因此，应认真检查水质、饮水器及水压等是否正常。当然，也有可能是喂料不足、仔猪饥饿或饲料中某些元素缺乏引起的，应一并予以考虑。

六、仔猪咬架的原因及预防

仔猪之间常互相挑逗、咬耳、咬尾、拱吮乳头和外阴，以及打斗等。轻者仔猪受伤，影响生长，重者诱发死亡。引起仔猪发生咬架行为的主要原因有如下5个：

①因饲料供料不足、采食位置不够、饮水不足或水压不够引发仔猪竞争，从而出现咬架行为。

②并窝、并栏、合群形成新的群体时为争夺位置、采食空间，或为了确定社群结构和位次而引发咬架。

③个别猪患恶癖、异食癖等，其异常行为引起咬架。

④猪对于如血腥味等异常味道特别敏感，当群体出现异味时也常引起咬架。如个别猪外伤出血，因病出现体味异常等。

⑤一些环境、管理应激以及饲料原料质量差、营养成分失衡（如维生素、微量元素缺乏），均会引发咬架。

仔猪咬架的预防措施：分析诱发咬架的原因，针对性地采取措施。提供优质全价平衡的营养日粮。根据不同品种、不同杂交组合、处于不同年龄阶段的仔猪，配制相应营养水平和营养平衡日粮。提供足够的采食位置、食位面积及充足优质的饮水。保持合理的密度和群体，适时调整猪群，及时隔离异常猪，如凶恶好斗、有神经质的猪以及出血的猪。注意合群并栏的技巧，减少应激（如采用气味浓烈的无害液体喷洒，扰乱其嗅觉，傍晚天黑前合群）。减少人为或生产操作过程中的应激。此外，断尾有助于防止咬架的发生。

第十一章　以生物安全为核心的猪场疫病防控技术体系

一、改善猪的生存环境

猪的生存环境，包括内部环境和外部环境，影响猪只生理过程和健康状况。内部环境是指猪机体内部一切与猪只生存有关的物理、化学和生物学的因素；外部环境则是指周围一切与猪只有关的事物总和，包括空气、土壤、水等非生物环境，动植物、微生物等生物环境，以及猪舍及其设备、饲养管理等人为环境。这些外部环境是多变的，猪体通过其内部调节功能，在不断变化的环境中维持体内环境的相对稳定。但机体对环境的适应能力是有限度的，当环境条件剧烈变化，超过机体调节能力限度的，则机体的内环境遭到破坏，猪体的健康和生产能力受到影响，严重时可导致死亡。生物安全环境是猪只生存环境最重要的组成部分。生物安全措施是指采取预防措施，减少从外界带入疫病的危险性。

（一）猪场选址的生物环境要求

理想的猪场环境应是背风向阳，地势高燥，通风良好，不受洪涝灾害影响，不积水，利于排污和污水净化，有充足洁净水源，交通及电力较为便利，较为偏僻且易于设防的地区。更为重要的是猪场还必须有一个保证防疫安全的生物环境，

地势高燥，通风良好不积水，适于建猪场

地势低，通风不良，易积水，不适于建猪场

应远离各种动物的饲养场及其产品加工厂、矿山、化工厂、城镇居民区、学校和村落，与交通干道、河流和水渠、污水沟等保持足够距离（至少不小于1000米）。距离越远，有效隔离的效果越好。

（二）符合生物安全要求的规划布局

1. 合理布局

一个规范猪场的功能区要布局科学，各区分割清晰，隔离条件良好，符合生物安全要求。一般来说，猪场根据功能不同，划分为办公接待区、生产管理区、生活区、生产区、隔离区、污废处理区。办公接待区应尽量远离生产区，且设置在猪场的上风向。生产区根据不同的生产阶段可分为小功能区，如妊娠母猪区、分娩哺乳母猪区、保育区、后备培育区、青年母猪区、生长肥育区等。隔离区主要用于治疗、隔离病猪。为防止疫病传播和蔓延，该区应在生产区的下风向，并在地势最低处，而且应远离生产区（距离100米以上）。隔离区尽可能与外界隔绝，该区四周应有自然的或人工的隔离屏障，设单独的道路和出入口。污废处理区是专门处理固体猪粪、污水和病死猪的区域。

科学布局，合理分区示意图

污水无害化处理设施（沼气）

污废处理区独立位于猪场下风处

各功能区之间应有足够的间距，应设立有效的隔离围墙或围栏及绿化隔离带。南方丘陵地区可充分利用有一定间隔的自然的小山包，设置不同的功能区和生产小区，实现多点生产。

利用自然地形，设置不同的功能区

2. 猪舍距离

猪舍间距影响猪舍的通风、采光、卫生、防疫。猪舍间距过小，上风向猪舍的污浊空气容易进入下风向舍内，引起病原在猪舍间传播；南边的建筑物遮挡北边建筑物，影响采光。此外，场内的空气环境容易恶化，尘埃微粒、有害气体和微生物含量过高，容易引发疫病。为了保证场区和猪舍环境良好，猪舍间距应适宜，不小于南面猪舍檐高的3~5倍。

猪舍间间距过小，不利通风

目前，很多有一定规模的猪场，舍与舍之间的距离很小，内部环境条件相对较差。对此，应重新对猪舍进行规划调整，拆除一部分条件差的猪舍，增大舍间距离，创造通风条件。

3. 净道和污道

猪场应设置净道和污道。净道供饲养管理人员，以及清洁的设备用具运输、饲料和猪只周转运输等使用；污道供清粪、污浊的设备用具运输、病死和淘汰猪处理时使用。净道和污道不交叉。

4. 绿化

绿化可以净化和美化环境，同时可减少空气中的病菌，也可起到生态隔离的作用。因此，猪场的绿化不但可为人和猪创造良好的生活环境，也对生物安全有很好的作用。猪场绿化应重点放在生活区、场区边界和隔离地带，不应在两座猪舍间隔区域种植枝叶过密、高度与门窗相当的树木，以免影响猪舍的正常通风和空气流通。对一些猪舍间种有大树的猪场应将其生长在屋檐下繁茂的枝叶砍除，以利猪舍通风。

隔离地带的绿化带

猪舍间的树木，枝叶过密

5.污水处理

猪粪尿的处理应实现雨污分离。污水管道应密闭，减少 CO_2、NH_3 等不良气体对猪的影响。污水应有相应的处理设施，处理达标后排放。

6.隔离设施

场区外围，特别是生产区外围应依据具体条件设置防疫隔离网、隔离围墙、防疫沟或防疫绿化带等隔离带，最好要有天然的生态屏障，以防止野生动物、家畜禽及外来人员进入生产区内；有条件的还应在猪舍内安装防鸟、防鼠设备等。生产区只能设置一个专供生产人员及车辆出入的大门，一个只供装卸猪只的装猪台，一个粪便收集和外运系统；大门口应设置消毒池，从办公

雨污分离，环境整洁

猪场外围设置防疫网，防止野生动物入侵

装猪台

猪舍门口设置消毒池

接待区到生产管理区、生产管理区到生产区，均应设置洗澡消毒进场设施，所有人员进入相应区域都要求洗澡消毒，换上场内干净的专用参观或工作服装。

（三）"全进全出"生产模式

"全进全出"的生产模式，已经被充分证明对疫病控制具有良好的效果，但实际生产中往往由于生产周转缺乏计划、饲养员的观念或考核制度缺陷等因素，造成无法真正严格实施"全进全出"生产模式。猪场应排除各种错误认识和障碍，严格执行"全进全出"生产管理模式。

新建猪场在工艺流程和猪舍设计时应按以周为生产时间的单元式"全进全出"生产模式设计。在生产线的各主要环节上，以周为单位分批次安排猪的生产，做到"全进全出"，使每批猪的生产在时间上拉开距离，有利于空栏冲洗和隔离消毒，以有效地切断疫病的传播途径，防止病原微生物在群体中形成连续感染、交叉感染，也为控制和净化疫病奠定基础。

旧猪场可以对生产设施和工艺流程进行改造，实施以周为时间单位的单元式"全进全出"的生产模式。同时通过设备的改造，实现舍内环境可人工调控，做到冬暖夏凉，空气新鲜、干燥，温度适宜，干净卫生。

"全进全出"生产模式的优点：

①减少传染病发生的概率。避免之前发生过的传染病传给新进入猪群的有效办法就是"全进全出"这种生产模式。这种生产模式可明显减少了传染性呼吸道疾病和肠道疾病的发生。"全进全出"对猪只生长及健康的影响见表11-1。

表11-1　"全进全出"生产模式对猪只生长及健康的影响

项目	"全进全出"生产模式	流水式生产模式	差别（%）
日增重（克）	780	690	11.54
出栏天数（达105千克）	173	185	6.94
日采食量（千克）	2.35	2.24	4.91
料肉比	3.02	3.25	7.62
肺部有伤害（%）	43	95	120.9
肺部有病害（%）	3.2	14.8	362.5

②新一批的猪只转入猪舍之前，全部转出原来猪只，空出猪舍，便于彻底清洁猪舍和设备，使猪只生活在更清洁的环境。

二、实施有效消毒

（一）消毒分类

1. 日常消毒

日常消毒也称为预防性消毒，是根据生产的需要采用各种消毒方法在生产区和猪群中进行的消毒。主要有定期对栏舍、道路、猪群的消毒，定期向消毒池内投放消毒剂等；临产前对产房、产栏及临产母猪的消毒，仔猪断脐、剪耳号、断尾、阉割时对术部的消毒；人员、车辆出入栏舍、生产区时的消毒；饲料、饮用水乃至空气的消毒；医疗器械如体温计、注射器、针头等的消毒。

2. 即时消毒

即时消毒也称为随时消毒，是当猪群中有个别或少数猪发生一般性疫病或突然死亡时，立即对其所在栏舍进行局部强化消毒，包括对发病或死亡猪只的消毒及无害化处理。

3. 终末消毒

终末消毒也称大消毒，是采用多种消毒方法对全场或部分猪舍进行全方位的彻底清理与消毒。采用"全进全出"生产模式，当猪群全部自栏舍中转出空栏后，或在发生烈性传染病的流行初期，和在疫病流行平息后，准备解除封锁前，均应进行大消毒。

（二）养猪生产相关的消毒方法

1. 火焰（灼烧）消毒法

直接用火焰灭菌，适用于铁质的定位栏、地面、墙壁以及兽医使用的接种针、剪、刀、接种环等耐热的金属器材。此法可立即杀死全部微生物。体积较小的兽医器械可直接在酒精灯火焰上或点燃的酒精棉球火焰上直接灼烧。产床、漏缝板等必须用火焰消毒器消毒，主要能源为煤气、液化气、沼气。对有沼气的猪场火焰消毒是经济、实用且效果好的方法。

2. 焚烧消毒法

焚烧主要是对病死猪尸体、垃圾、污染的杂草、地面和不可利用的物品器材采用燃烧的办法，将其在焚烧炉内烧毁，从而消灭传染源。体积较小、易燃的杂物等可直接点燃；体积较大、不易燃烧的病死猪尸体、污染的垃圾和粪便等可泼上汽油后直接点燃。焚烧处理是最为彻底的消毒方法。

3. 干热灭菌消毒法

在干燥的情况下，利用热空气灭菌的方法。适用于干燥的玻璃器皿，如烧杯、烧瓶、吸管、试管、离心管、培养皿、玻璃注射器、针头、滑石粉等的灭菌。不同物品干燥灭菌所需的温度和时间不同（表11–2）。灭菌时，将待灭菌的物品放入干热灭菌箱内，使温度逐渐上升到160℃，维持2小时，可以杀死全部细菌及其芽孢。

干热灭菌箱

表 11–2　不同物品干热灭菌所需的温度和时间

物品类别	温度（℃）	时间（分钟）
金属器材（刀、剪、镊、麻醉缸）	150	60
注射油剂、口服油剂（甘油、石蜡等）	150	120
凡士林、粉剂	160	60
玻璃器材（试管、吸管、注射器、量筒等）	160	60
装在金属筒内的玻璃器材	160	120

采用干热灭菌消毒法应注意以下几点：

①消毒灭菌器械应洗净后再放入干热灭菌箱内，以防附着在器械上面的污物炭化，且勿与箱底壁直接接触。灭菌结束后，应待干热灭菌箱温度降至40℃以下再打开，以防灭菌器具炸裂。

②物品包装不宜过大，干烤物品体积不能超过干热灭菌箱容积的2/3，物品之间应留有空隙，有利于热空气流通。

③棉织品、合成纤维、塑料制品、橡胶制品、导热差的物品及其他在高温下易损坏的物品，不可用干热灭菌消毒法。灭菌过程中，高温时不得中途打开干热灭菌箱，以免引燃灭菌物品。

④灭菌时间计算应从温度达到要求时算起。

4. 煮沸消毒法

利用沸水的高温作用杀灭病原体，常用于针头、金属器械、工作服、工作帽等物品的消毒。沸水温度接近100℃，经10~20分钟，可以杀死所有细菌的繁殖体。

若在水中加入 5%~10% 的肥皂或碱或 1% 的碳酸钠，使溶液中 pH 值偏碱性，可使物品上的污物易于溶解，同时还可提高沸点，增强杀菌力。若在水中加入 2%~5% 的石炭酸，也能增强消毒效果。消毒时间的掌握，一般以水沸腾时算起，煮沸 20 分钟左右。对于寄生虫性病原体，消毒时间应加长。

5. 高压蒸汽灭菌消毒法

在一个密封的金属容器内，通过加热来增加蒸汽压力，提高水蒸气温度，达到短时间灭菌的效果。常用于玻璃器皿、纱布、金属器械、培养基、橡胶制品、生理盐水、针具等消毒灭菌。采用高压蒸汽灭菌消毒法应注意如下几点：

①严格按照高压蒸汽灭菌容器的使用说明书安全操作。

②排净灭菌器内冷空气，如排气不充分易导致灭菌失败。

③合理计算灭菌时间，要从压力升到所需压力时计算。

④消毒物品的包装盒容器要合适，不要过大、过紧，否则不利于空气穿透。

高压蒸汽灭菌器

6. 浸泡消毒法

对一些器械、用具、麻袋、衣物等可用消毒药水浸泡。一般应洗涤干净后再行浸泡，药液要浸过物体，浸泡时间应长些，水温应高些。养猪场入口的消毒池和猪舍入口处的消毒槽内，可用浸泡过消毒药的草垫或麻袋对靴鞋消毒。

浸泡消毒

7. 喷雾消毒法

用喷雾器将消毒液经压缩空气雾化后喷洒地面、墙壁、舍内空间、舍内固定设备等或猪的体表上进行消毒的方法。喷洒要全面，药液要喷到物体的各个部位。

8. 气体熏蒸法

适用于可以密闭的猪舍和其他建筑

自动喷雾消毒

人工喷雾消毒 　　　　　　　　　熏蒸消毒

物。这种方法简便、省事，消毒全面、效果好。

　　直接加热熏蒸法：直接将消毒药放入锅内加热，通过蒸发的气体消毒。常用的药物有福尔马林（40%的甲醛水溶液）、过氧乙酸水溶液。

　　化学反应熏蒸法：在每立方米空间，用福尔马林25毫升、水12.5毫升、高锰酸钾25克（或以生石灰代替），按照猪舍面积计算所需的药品量。其做法是：将水倒入容器内，然后加入高锰酸钾，搅拌均匀，再加入甲醛。加入甲醛后经几秒就会产生刺激眼鼻的气体，因此加入甲醛后人应迅速离开猪舍，将门关闭。经过12~24小时后方可将门窗打开通风。实际操作中要特别注意：猪舍及设备必须清洗干净，因为气体不能渗透到猪粪便和污物中去，如不干净，不能发挥应有的效力；猪舍要密封，不能漏气，应将进出气口、门窗和排气扇等的缝隙糊严。

（三）猪场消毒程序

　　根据消毒种类、对象、气温、疫病流行的规律，将各种消毒方法科学合理地加以组合进行的消毒过程称为消毒程序。例如"全进全出"生产模式中的空栏大消毒的消毒程序可分为以下步骤：清扫—高压水彻底冲洗—喷洒消毒剂—清洗—熏蒸—干燥（或火焰消毒）—喷洒消毒剂—空置、通风、干燥—转进猪群。消毒程序还应根据自身的生产方式、主要存在的疫病、消毒剂和消毒设备设施的种类等具体情况因地制宜地加以制订。

（四）猪场消毒制度

　　按照生产日程、消毒程序的要求，将各种消毒制度化，明确消毒工作的管理者和执行人、使用消毒剂的种类及其使用浓度、方法、消毒间隔时间和消毒剂的轮换使用，消毒设施设备的管理等，都应详细加以规定。

1. 出入人员的消毒

在猪场的入口处，设专职消毒人员和配备专用喷雾消毒器、紫外线杀菌灯、脚踏消毒槽（池），对出入的人员实施衣服喷雾或照射消毒和脚踏消毒。在生产区入口设更衣室、消毒室和淋浴室，供外来人员和生产人员淋浴、更衣、消毒。

过道喷雾消毒

紫外灯消毒

生产区入口消毒池中应有足够深的消毒液

猪舍入口设置脚踏消毒槽（消毒桶）

所有人员进入生产区时，要更换工作服（衣、裤、靴、帽等），洗澡、消毒，并在工作前后洗手消毒。一切可能染疫的物品不准带入场内，凡进入生产区的物品必须进行消毒处理。猪场要谢绝参观，必要时安排在适当距离外，在隔离条件下参观。消毒室要保持干净、整洁。工作服、工作靴和更衣室定期洗刷消毒。对于此项工作，须注意以下问题：

①消毒液要有一定的浓度。

②工作鞋在消毒液中浸泡时间至少达1分钟。

③工作人员在通过消毒池之前把工作鞋上的粪便刷洗干净，否则不能彻底杀菌。

④消毒池要有足够深度，深达20厘米以上，使鞋子全面接触消毒液。

⑤消毒液要保持新鲜，最好每天更换1次。

参观猪场的人员应经消毒后穿上防护服

⑥衣服消毒要从上到下，进行全面喷雾，使衣服达到潮湿的程度。用过的工作服，先用消毒液浸泡，然后进行水洗。用于工作服的消毒剂，应选用杀菌、杀病毒力强，对衣服无损伤，对皮肤无刺激的消毒剂。不宜使用易着色、有臭味的消毒剂。通常可使用季铵盐类消毒剂、碱类消毒剂及过氧乙酸等做浸泡消毒，或用福尔马林做熏蒸消毒。

2. 出入车辆的消毒

运输饲料、产品等车辆，是猪场经常出入的运输工具。这类车辆与出入的人员比较，不但面积大，而且所携带的病原微生物也多，因此，饲料车原则上只能到饲料房门口，不能进入生产区；有条件的猪场在围墙外设置料塔，饲料由散装送料车直接送到料塔，再由连接料塔的输送系统直接给猪舍供料，这样完全避免了饲料的包装物及运输过程对生产造成的潜在生物安全威胁。对一定要进入养猪场的车辆要进行严格的消毒。在大门口设置与门同等宽的自动化喷雾消毒装置。对出入养猪场的车辆车身和底盘进行喷雾消毒。消毒槽（池）内的消毒液的深度应能淹没半个轮胎，供车辆通过时进行轮胎消毒。

散装自动送料车，输送饲料到料塔

场门口设置出入车辆消毒池

为防疫需要，应在猪场入口附近（和猪舍有一定距离）设置容器消毒室，对由场外运入的容器及其他用具等进行严格消毒。消毒时注意勿使消毒废水流向猪舍，应将其排入排水沟。

3. 环境消毒

猪舍周围环境每 2~3 周用 2% 烧碱（氢氧化钠）消毒或撒生石灰 1 次，场周围及场内污水池、排粪坑、下水道出口，每月用漂白粉消毒 1 次。每隔 1~2 周，用 2%~3% 氢氧化钠溶液喷洒消毒道路；用 2%~3% 氢氧化钠或 3%~5% 的甲醛或 0.5% 的过氧乙酸喷洒消毒场地。

环境定期消毒（撒生石灰）

被病猪的排泄物和分泌物污染的地面土壤，可用 5%~10% 漂白粉溶液、百毒杀或 10% 氢氧化钠溶液消毒。对因烈性传染病致死的猪污染的场所，应严格加以消毒，首先用 10%~20% 漂白粉乳剂或 5%~10% 二氯异氰尿酸钠喷洒地面，然后将表层土壤掘起 30 厘米左右，撒上干漂白粉并与土混合，将此表面土运出掩埋。在运输时应避免沿途漏撒。

4. 猪舍消毒

每批猪只转出后要彻底清扫干净，用高压水枪冲洗，然后进行喷雾消毒或熏蒸消毒。用化学消毒液消毒时，先喷洒地面，然后喷洒墙壁。先由离门远处开始，喷完墙壁后再喷天花板，最后再开门窗通风，用清水刷洗饲槽，将消毒药味除去。在进行猪舍消毒时，也应同时对附近场地以及病猪污染的地方和物品进行消毒。

发生各种传染病而进行临时消毒时，消毒剂随疫病的种类不同而异，猪舍的出入口处应放置浸过消毒液的麻袋、草垫或放置装满消毒液的消毒桶。

①定期带猪消毒。定期进行带猪消毒，既可减少畜体及环境中的病原微生物，净化环境，又可降低舍内尘埃，夏季还有降温作用。常用喷雾消毒法。常用的药物有 0.2%~0.3% 过氧乙酸，每立方米空间用药 20~40 毫升，也可用 0.2% 的次氯酸钠溶液或 0.1% 苯扎溴铵（新洁尔灭）溶液。消毒时从畜舍的一端开始，边喷雾边匀速走动，使舍内各处喷

带猪消毒

雾量均匀。带畜消毒在疫病流行时，可作为综合防治措施之一，对扑灭疫病可起到一定作用。0.5%以下浓度的过氧乙酸对人畜无害。为了减少对工作人员的刺激，在消毒时应佩戴口罩。

带猪消毒一般情况下每周消毒1~2次。春秋疫情常发季节，每周消毒3次。在疫情发生时，每天消毒1~2次。带猪消毒时可以将3~5种消毒药交替使用。

②猪体保健消毒。妊娠母猪在分娩前5~7天，用温水清洗全身皮肤，然后用0.1%高锰酸钾水擦洗全身，再用干净热毛巾擦干。在临产前3天再消毒1次，重点要擦洗会阴部和乳头，保证仔猪在出生后和哺乳期间免受病原微生物的感染。

哺乳期母猪的乳房要定期清洗和消毒，如果有腹泻等病发生，可带猪消毒，一般每隔7天消毒1次。

5. 用具消毒

定期对保温箱、料槽、饲料车、料箱、针管等进行消毒。一般先将用具冲洗干净后，再用0.1%苯扎溴铵（新洁尔灭）或0.2%~0.5%过氧乙酸溶液消毒，然后在密闭的室内进行熏蒸。

6. 粪便的消毒

患传染病和寄生虫病的病猪、粪便的消毒方法有多种，如焚烧法、化学药品消毒法、掩埋法和生物热消毒法等。实践中对粪便最常用的是生物热消毒法，即生物堆肥发酵法，此法能使粪便实现无害化，且不丧失肥料的应用价值。

粪便堆肥发酵

7. 猪场常用消毒药的选择

猪场常用消毒药见表11-3。

表 11-3　猪场常用消毒药物

消毒种类	选用药物
饮水消毒	百毒杀、癸甲溴铵、过氧乙酸、漂白粉、强力消毒王、速效碘、超氯、益康、抗毒威、二氯异氰尿酸
带畜消毒	百毒杀、癸甲溴铵、苯扎溴铵、强力消毒王、速效碘、过氧乙酸、益康
畜体消毒	益康、苯扎溴铵、过氧乙酸、强力消毒王、速效碘
空闲猪舍消毒	百毒杀、癸甲溴铵、过氧乙酸、强力消毒王、速效碘、农福、畜禽灵、超氯、抗毒威、二氯异氰尿酸、氢氧化钠、福尔马林

消毒种类	选用药物
用具、设备消毒	百毒杀、癸甲溴铵、强力消毒王、过氧乙酸、速效碘、超氯、抗毒威、二氯异氰尿酸、氢氧化钠
环境、道路消毒	氢氧化钠、甲酚皂、石炭酸、生石灰、过氧乙酸、强力消毒王、农福、抗毒威、畜禽灵、百毒杀、癸甲溴铵
脚踏、轮胎消毒（槽）	氢氧化钠、甲酚皂、百毒杀、癸甲溴铵、强力消毒王、抗毒威、超氯、农福、畜禽灵
车辆消毒	氢氧化钠、甲酚皂、过氧乙酸、速效碘、超氯、抗毒威、二氯异氰尿酸、百毒杀、博灭特、强力消毒王
粪便消毒	漂白粉、生石灰、草木灰、畜禽灵

三、消灭虫害和鼠害

杀灭猪场中的有害昆虫（蚊蝇等昆虫）和老鼠等野生动物，是消灭疫病传染源和切断其传播途径的有效措施。

1. 杀虫

规模化猪场有害昆虫主要指蚊蝇等节肢动物。除捕捉、拍打、黏附、电子灭蚊灯外，更多的是使用化学杀虫剂，在猪舍内进行大面积喷洒，向场区内外的蚊蝇栖息地、滋生地进行滞留喷洒。灭虫的关键在于环境卫生状况的控制，首先要搞好猪舍内的清洁卫生，及时清除舍内地面及排粪沟中的积粪、饲料残屑及垃圾；其次应保持场区内的环境清洁卫生，割除杂草，填埋积水坑洼，保持排水、排污系统的畅通，加强粪污管理和无害化处理。通过这些措施，使有害昆虫失去繁衍滋生场所，达到杀灭的目的。

2. 灭鼠

为了有效地控制鼠害，应首先对害鼠的种类及其分布、密度开展调查，摸清害鼠的出入、行走轨迹，在其洞口、行走轨迹的角落或较隐蔽处，设置灭鼠药或专用灭鼠用器。灭鼠工作应定期，全场大面积一次性投足剂量，并连续几

设置铁丝网，预防老鼠侵入

天不间断添加药量，提供足够药量。

灭鼠药应选择对人、猪无伤害的品种，禁止使用国家禁用的剧毒灭鼠药，如毒鼠强等。建议承包给有特种行业经营许可的专业灭鼠企业或队伍。

四、制订科学的免疫接种计划

免疫接种是防制疫病发生和流行的最重要措施之一，应根据疫病的流行规律和免疫效果，如疫苗接种后机体产生抗体的时间、抗体的水平和抗体的消长规律等做好免疫接种计划。与此同时，应注意规范接种的操作，减少免疫造成的应激，使用高质量的疫苗。疫苗按要求贮运和使用，避免或减少导致免疫失败的一些因素。

五、制订科学的驱虫程序

寄生虫具有令人难以置信的生存、感染和繁殖能力。寄生虫病大多数为慢性消耗性疾病，表现为亚临床症状，故多被忽视，它所造成的经济损失占养猪利润的5%~8%，同时可大大降低猪机体的抗病能力，继发其他更多疫病的发生。因此，寄生虫病应该引起足够重视，制订一个全面、彻底驱除各种常见寄生虫病的用药计划，有效防治各种寄生虫病，减少由寄生虫引发的各种应激因素。

猪场的驱虫工作，应了解寄生虫的生活史，并在调查本场猪群中寄生虫病流行状况的基础上，选择最佳驱虫药物、适宜的驱虫时间，制订周密的驱虫计划，按计划有步骤地进行。

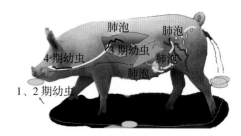

蛔虫生活史

1.驱虫程序

①仔猪断奶后转入保育舍14天时开始，驱虫1次，连续5~7天。

②生长肥育猪在转入生长肥育舍（菜猪舍）14天时驱虫1次。

③自我培育的后备母猪转入后备舍21天左右、转入配种舍前10天各驱虫1次。

④引进的后备母猪在隔离结束，计划混群前10天左右时驱虫1次。

⑤经产母猪、公猪每年驱虫3次。

2. 驱虫方法

拌料给药明显优于注射给药，选用可通过拌料给药的预混剂类驱虫药，严格按照所选药物的使用说明书使用，一般要求连续用药 5~7 天。饲料中加驱虫药时务必搅拌均匀。

3. 驱虫注意事项

①药物选择。应遵循安全、高效为原则，特别是怀孕母猪对许多药物都非常敏感，用药稍有不慎，就容易造成流产或死胎，因此妊娠母猪用的驱虫药，应以不引起流产为最低要求。现有生产上常用的驱虫药物主要有伊维菌素、芬苯达唑和阿苯达唑等，对体内外寄生虫均有一定效果，但要驱除体外寄生虫，仍然要配合喷雾外用驱虫药。

②母猪的驱虫要求全场一次性同步驱虫，以避免交叉感染，影响驱虫效果。

③为使驱虫达到预期的效果，必须加强猪舍环境中的灭虫（虫卵），每次驱虫时在拌料用药 5~7 天的最后 1~2 天，全场同步清洁猪舍、猪栏、排粪沟等有可能被寄生虫污染的地方，同时彻底消毒一次，防止寄生虫的重复感染。

④全场驱虫时，对小部分寄生虫感染严重的猪只可用注射方式加强一次。

⑤药物喷雾驱除体外寄生虫，要选择在晴朗、干燥天气时进行。雾化效果要好，要求猪全身体表都要喷到，两腿内侧、腹部应重点喷雾。

六、适度推行猪群药物预防保健计划

规模化猪场除了部分传染性疫病可使用免疫注射加以防制外，许多传染病尚无疫苗或无可靠疫苗用于防制，使得在实际工作中必须对整个猪群投放药物进行群体预防或控制，因此适度推行药物保健措施是需要的，亦是合理的；但其成功与否，关键在于药物的选用，而选择药物的关键在于对本猪群致病菌的抗药性和敏感性的监测，所以必须定期检测猪群的健康状况，有针对性地选择敏感性较高的药物，及时制订适合本场的保健计划，预防疾病发生。用于预防的药物应有计划地定期轮换使用，投药时剂量合理，不宜盲目追求大剂量。混饲时搅拌要均匀，用药时间一般以 3~7 天为宜。

提倡使用中草药开展预防保健工作。要充分发挥中草药资源丰富、无有害残留、毒副作用小以及病原菌不易产生耐药性的优点来开展猪的预防保健。

七、做好猪群健康检查与疫病监测工作

健康检查与疫病监测的任务主要有：对猪群健康状况的定期检查，对猪群中常见疫病及日常生产状况的资料收集分析，监测各类疫情和防疫措施的效果，对猪群健康水平的综合评估，对疫病发生的危险度的预测预报等。

1. 健康检查

兽医人员应定期对猪群进行系统的检查，观察各个猪群的状况。大群检查时应注意从猪的外表、动态、休息、采食、饮水、排粪、排尿等各方面进行观察，必要时还应抽查猪的呼吸、心跳、体温三大指标。生产上很多兽医人员不测猪的体温，仅凭手感判断是否发烧是不可取的。对种猪群还应检查公母猪的发情、配种、怀孕、分娩及新生仔猪的状况。对获取的资料进行统计分析，发现异常时要进一步调查其原因，作出初步判断，提出相应预防措施，防止疫病在猪群中扩大蔓延。

2. 尸体剖检

尸体剖检是疫病诊断的重要方法之一，应对所有非正常死亡的成年猪逐一进行剖检。较多新生猪、哺乳仔猪、保育仔数、育肥猪死亡时也应及时剖检具典型症状的猪，通过剖检判明病性，以采取有针对性的防治措施。临床尸体剖检不能说明问题时，还应采集病料作进一步实验室检验。尸体解剖应在专设的解剖室进行，严禁在猪舍及有可能污染猪群的场所进行。

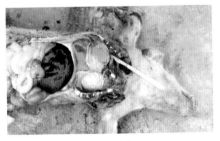

尸体剖检

3. 疫病监测

①实验室检验。适用于猪场的实验室检验方法甚多，但目前最受关注的当属主要传染性疫病如猪瘟、口蹄疫、蓝耳病、猪伪狂犬病、细小病毒病、乙型脑炎、传染性胸膜肺炎等抗体水平的监测。抗体水平的检测，在免疫注射质量的评价、免疫程序的制订、猪群中潜伏的隐性感染者的发现、疫病防制效果的评估等诸多方面具

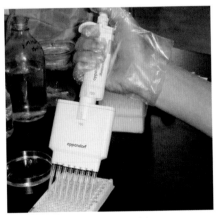

实验室检测抗体

有较高价值。加强实验室检验在生产实际应用，对实验室检验的结果进行专业、系统、科学、准确的分析，让检验结果真正为生产决策提供依据。

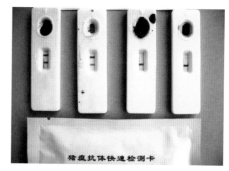

快速检测猪瘟抗体

②其他检测。规模化养猪的其他各项措施，如对消毒、杀虫、灭鼠、驱虫、药物预防与临床诊断等方面的效果进行检测，最佳防治药物的筛选等，都可进一步提高防疫质量。而对猪舍内外环境如水质、饲料等检测，有益于猪场的疫病防制。

③生产管理统计资料、疫病诊疗记录资料的收集与分析。通过对猪群的生产状况如繁殖性能、生长肥育性能、疫病流行状况（如疫病种类、发病率、死亡率、防疫措施的应用及其效果）等多种资料的收集与分析，发现疫病变化的趋势以及影响疫病发生、流行、分布的因素，采取有效防疫措施。通过对环境、疫病、猪群长期系统的监测、统计、分析，对疫病进行预测预报。

八、及时诊疗疾病与扑灭疫情

1. 日常诊疗

兽医技术人员应每日深入猪舍，巡视猪群，对猪群中发现的病例及时有效地进行诊断治疗和处理。对内科、外科、产科等非传染性疾病的单个病例，有治疗价值的及时地予以治疗，对无治疗价值者尽快予以淘汰。对怀疑或已确诊的常见多发性传染病患猪，应及时组织力量进行控制，防止其扩散。

2. 疫情扑灭

当发现有猪瘟、口蹄疫等急性、烈性传染病或新的传染病时，应立即对该猪群进行封锁，根据具体情况或将病猪转移至病猪隔离舍进行诊断和处置，或将其扑杀焚烧和深埋；实施强化消毒，对假定健康猪群实施紧急免疫；全生产区内禁止猪群调动，禁止购入或出售猪只，禁止人员流动，实施防疫封锁。当最后一头病猪痊愈、淘汰或死亡后，经过一定时间（该病的最长潜伏期），无该病新病例出现时，经大消毒后方可解除封锁。

3. 果断淘汰病猪

猪场一旦发生疫病，多数人抱有侥幸心理，舍不得淘汰已经没有希望但尚未死亡的猪，结果不但病猪没有保住，疫病反而不断蔓延。所以在规模饲养的情况下，应该树立群体防疫的概念，放弃个体的得失，对病猪处理应做到发现早、诊断准、处置快，及时淘汰处理那些没有挽救希望且构成严重威胁的病猪。

4. 无害化处理病死猪

病死猪应及时按照国家有关规定的标准进行无害化处理，以免造成二次污染。无害化处理病死猪的方式有多种，如专用化尸池（毁尸坑）处理、湿化焚烧处理、深埋处理。其中，专业化尸池处理和深埋处理，化尸速度慢，长期使用存在对周边土壤造成二次污染的风险。湿化焚烧处理效果好，但成本较高，效率低。推荐使用发酵堆肥处理法和生物化尸机（有机废弃物处理机）。

不规范处理病死猪，造成二次污染

化尸池无害化处理病死猪

①发酵堆肥处理法。选择离猪舍距离至少在 60 米以上，避开水源和低洼地带建设发酵堆肥场。初期地面铺一层 30 厘米厚的木屑（如果处理大于 100 千克的猪要铺更厚的木屑），堆一层尸体后在其表面上至少覆盖一层 20 厘米的木屑。如靠墙边应留 30 厘米的距离，并填满木屑。如果处理 100 千克以上的猪，则猪只之间约留 30 厘米的间距。死

发酵堆肥处理

胎、胎衣及哺乳仔猪可以群放，但应整齐地层层叠加安放并覆盖严密。堆肥期为 6 个月。在 3 个月时进行两次机械性的翻动，重新分配多余水分，引入新的氧气供给，这样效果会更好。熟化的堆肥 50% 可再次利用，50% 另外处理（还田做肥料或与粪便一起堆肥等）。

控制堆肥效果的因素：堆料水分含量为 55%，堆料孔隙度为 40%，堆料理想

温度在 37.7~65.5℃。保持温度大于 55℃的天数至少 5 天，以杀灭病原体。

发酵堆肥处理法的优点：无二次污染，处理效果良好；简单易学，易管理；初期投入及运行费用低廉；大小猪场均可实施。缺点：需要大量碳原料，全程要管理和监控；要设置防护栏，防止狗叼走病死猪。

②生物化尸机（有机废弃物处理机）处理法。将病死猪、胎衣、胎盘等有机废弃物投入化尸机中，按比例加入辅料和耐高温的生物酵素。经化尸机切割、粉碎、高温分解发酵、高温灭菌、烘干处理 48~72 小时（12 小时杀菌和生物降解，24 小时时呈流质状，48 小时时呈粉末状），生成无害的粉状有机肥料。辅料主要为木屑、谷壳糠、麸皮等。

生物化尸机处理

生物化尸机处理法的优点：整个生产处理过程无烟、无臭、无污水排放，占用场地小，处理过程卫生清洁；能将病死猪等有机废弃物转化为有一定价值的有机肥料，实现综合利用的目的，避免了对环境造成二次污染的风险。缺点：一次性投入大，运行成本相对高一些。

九、建立、健全各项管理制度

1. 制度化管理

猪场的日常管理工作要制度化，让制度管人，让制度规范人的行为，减少随意性，不是用人管人、人盯人的方法管理。如门卫防疫管理制度、消毒药更新管理制度、员工守则及奖罚条例、员工考勤制度等。

2. 标准化生产

猪场生产的各个环节都应制订相应的标准，并严格按标准生产。如制订饲料营养标准、各阶段猪的饲喂标准、初生仔猪标准、断奶仔猪标准、消毒标准、环境卫生标准、兽药使用标准等。

3. 规范化操作

猪场生产的各个阶段、各个环节应制订相应的精细化、科学、易于操作的规程，并要求岗位人员严格按规程操作。如制订分娩接生操作规程、哺乳母猪饲养操作规程、配种妊娠母猪的饲养操作规程、人工投料操作规程、保育仔猪饲养操作规程、兽医临床诊疗操作规程等，减少因技术人员（兽医）、饲养员的变动造成生产的随意性，导致生产损失。

4.及时有效的监督

所有的制度、技术措施、操作规范，在实施过程中都会出现偏差和不到位，及时有效的监督是确保各项技术措施落实的重要手段，因此不能忽视。

十、采取其他生物安全措施

①严禁将场外购买的猪、牛、羊肉及其加工制品带入场，与养猪无关的个人物品不准带入生产区；场内职工及其家属不得在场内饲养其他禽畜（如猫、狗），严禁让猫、狗进入生产区。

②规模化猪场必须自繁自养，建立自己健康的种猪群。引进种公、母猪时，需派畜牧兽医专业人员到非疫区健康的种猪场选购，运输车辆要彻底消毒，运输过程要注意防疫。购回的种猪要先放到隔离舍观察40天，经检疫、防疫，确认无病，并经冲洗干净并彻底消毒后方可进入生产线。

③猪场装猪台是全场防疫的重点地区，使用应有特殊规定，场内人员必须到装猪台时，允许到达的区域应明确具体。返回时必须严格消毒，不得与外人接触。装猪台应及时清扫、消毒。

④运输仔猪和种猪时，经装猪台上车，拉猪车在场外装车，已经上车出场的猪只不准再返回场内；如质量不合格退回时，也只能在场外处理，不得返回。

十一、制订有关员工个人工作制度

①每年定期进行员工健康检查，发现人畜共患病，如结核病、布氏杆菌病、乙脑等，要及时治疗并调离生产区。在生产区内不准随地吐痰和丢弃杂物。

②猪场兽医人员不准对外诊疗动物疾病，猪场配种人员不准对外开展猪的配种工作。从事配种、接产等与猪体直接接触的人员，工作时要戴消毒手套。

③在生产区的饲养人员，经批准外出返场后，经严格消毒，并在行政管理区隔离净化3天后，经沐浴、消毒后才能进入生产区复工。

④凡患感冒等呼吸道疾病的本场职工，要离开生产区治疗，病愈后经消毒、沐浴方可复工。

⑤检查、维修、畜牧兽医等公务人员因工作需要需往返各猪舍时，应严格遵守各项防疫规则。

第十二章　猪场免疫接种精细化操作规程

猪场免疫接种精细化操作规程，包括正确、合理、科学、稳定的免疫程序，疫苗的选择和疫苗的质量，疫苗的贮存、疫苗的注射质量以及免疫的各种注意事项和提高免疫效果的方法等。

一、免疫程序

正确、合理、科学的免疫程序是猪只产生坚强免疫力的基础，也是免疫成功与否的关键。在规模化猪场中常需使用多种疫苗来预防相应的疫病，因而要根据规模养猪的生产特点，按照各种疫苗的免疫特性，合理地制订预防接种的次数、剂量、间隔时间等，即免疫程序。猪场免疫接种可分为强制免疫和选择免疫。

①猪场必须强制免疫预防的疫病为猪瘟、口蹄疫、伪狂犬，后备种猪增加细小病毒病和猪乙型脑炎，其他疫病如蓝耳病、圆环病毒病、支原体病、副嗜血杆菌病、肺疫、链球菌病、传染性胃肠炎–流行性腹泻、萎缩性鼻炎等疫病的疫苗，根据所处区域、疫病流行情况、猪场疫病特点和猪群健康状态、饲养环境和管理水平进行选择免疫。

②科学的免疫程序是建立在对猪场可能存在的疫病进行抗原和抗体监测的基础上制订的。免疫程序一旦制订实施后，务必保持其相对的稳定性，千万不要随意更改，应该建立在免疫效果监测的基础上做出科学调整，逐渐完善。每个猪场都应该有适合自己的免疫程序，不应该简单套用其他猪场的程序。

③免疫程序应包括从出生到出检的整个阶段的商品猪免疫程序，包括后备种猪免疫程序，生产公、母猪周年免疫程序（一刀切普免的免疫程序），以及母猪产前产后的免疫程序（产后的免疫程序多结合仔猪的免疫程序）。

④强调认真做好系统的免疫记录，建立可追溯的免疫档案。

⑤免疫过程务必建立监督检查机制，保证严格按照免疫程序，切实免疫到位，以免操作人员人为造成的疫病风险。

二、疫苗的选用

疫苗的内在质量是由生产厂家所控制的，使用者需注意的是冻干苗是否失真空、油佐剂苗是否破乳、疫苗有无变质和长霉、疫苗中有无异物、疫苗是否过期、有无因保存不当而至失效等。如发生上述情况时，这些疫苗均应废弃不用。

几乎每一种疫病目前都有两种或两种以上的疫苗可供选择，而疫苗的内在质量对猪群产生的免疫力高低影响甚大，因此应科学慎重选用。

三、疫苗的贮存

疫苗的合理存放，也是影响疫苗免疫成败的主要因素。在存放过程中，须注意如下问题：

①冰箱中应放置最高、最低温度计。每周至少检查两次温度是否符合要求，冰箱是否工作正常。

②经常检查所有贮存疫苗的保质期，做好进出仓记录和批号记录，做到先进先用。

冰箱中放置温度计

③妥善保存疫苗的使用说明书，保证容易获取，以备查询。

④确保标签清晰，确保标签不脱落，用透明胶带将松动的标签贴牢；但对于已完全脱落的标签的疫苗瓶要特别小心，如有疑虑，则应丢弃。封口已损坏或盖子已丢失的注射用疫苗不得继续使用。

⑤不要将冰箱塞得过满，否则会使空气循环受阻，并导致热空气的滞留，造成冰箱内温度上下不均匀。

⑥不要在贮存疫苗的冰箱内存放食品或试验样品(除非放入密封容器内)，因为这可能造成交叉污染。

⑦不允许将疫苗、注射器和针头存放于儿童能触及到的地方，所有这类东西最好都应加锁保存。

⑧有的疫苗偶然冻结所造成的后果是非常严重的，可能造成疫苗的完全失效。例如：油乳剂灭活苗冻结后可致其结构不可逆转的破坏，尽管在肉眼看来与正常

无差异。

⑨冻干的活疫苗一般要求冷冻的条件下保存，谨防冻融。

⑩冰箱内一般都设置温感探头，用于检测探头附近的温度，反馈给控制系统启动加热或者制冷。温感探头附近最好不要放置疫苗或杂物，否则温感探头测得的温度会与冰箱内实际温度有较大差异，可能导致过度制冷或加热。

四、疫苗稀释液的选用

1. 疫苗稀释液选择

主要针对活疫苗。除专用稀释液外，所有弱毒疫苗均使用生理盐水稀释。稀释疫苗前，用一次性注射器抽取所需稀释液或生理盐水剂量，按照所需注射的免疫头份剂量进行疫苗稀释。瓶盖开封后的生理盐水不能再继续使用。

2. 疫苗稀释操作

首先要做疫苗的真空试验：针头插入后注射器内稀释液应自动吸入；如不能自动吸入，说明疫苗已失去真空，疫苗很可能已失效。

稀释液在使用前，最好在冰箱冷藏室放置 2 小时以上，以减少稀释液与疫苗的温度差，同时也有利于稀释后疫苗的保存。

冻干苗稀释过程中，应充分注意疫苗的稀释头份，根据使用剂量进行有针对性的稀释，避免浪费。

3. 疫苗稀释后的保存时间

疫苗要现配现用，弱毒疫苗稀释后尽量在 2 小时内使用完毕。在夏季高温季节，不但要注意稀释液的温差，也要注意稀释时的环境温度，稀释后的疫苗使用过程应有可携带的专用疫苗冷藏保温箱保存。

五、疫苗注射质量

有了质量良好的疫苗和科学合理的免疫程序后，保证疫苗的注射质量成为取得高水平免疫力的关键。其要点主要有：严格按照疫苗所要求的方法进行稀释，稀释后的疫苗应按规定的方法保存和在规定的时间内使用；保证疫苗注射剂量的准确和注射的密度；防止注射疫苗后的不良反应；对注射器械、注射部位等严格消毒，防止交叉感染，每注射一头猪后均应更换针头，防止疫病的疫源性传播。

1.疫苗的注射技术

正确注射需要经验，因此，对工作人员进行技术培训非常重要。没有经验的工作人员可能会将疫苗注射到猪身上不当的部位，造成注射部位感染，影响免疫效果。

①肌肉注射。经产母猪、后备母猪和公猪的肌肉注射最好使用38~44毫米长的针头。按正确的角度刺入皮肤。对于体重较小的猪，参照表12-1选取合适的针头长度和规格。

表12-1　肌肉注射用针头的长度和规格

猪只所处阶段	猪只质量（千克）	进针位置（耳根后距离，厘米）	针头型号
哺乳仔猪	初生 ~7	2	7 × 12
断奶仔猪	7~10	2.5	9 × 13
保育前期仔猪	10~20	3	9 × 15
保育后期仔猪	20~30	3	12 × 20
育肥猪前期	30~70	4	12 × 25 或 14 × 25
育肥猪后期	70~100	4.5	14 × 32 或 14 × 38
100 千克以上育肥猪，青年公猪、母猪（2 胎以内）	100 以上	5~6	16 × 38 或 16 × 40
成年公猪、母猪（3 胎起）	成年	6~8	16 × （42~45）

正确的注射部位位于耳后 5~7.5 厘米靠近耳根的最高点松软皱褶和绷紧皮肤的交界处。如果注射部位太靠后，增加了将药品注射入脂肪的可能性。如果发生这种情况，由于脂肪中缺乏血液供应，则致药品的吸收缓慢或者脂肪堵塞了药物

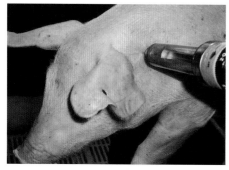

正确的进针位置和角度

正确的进针位置解剖

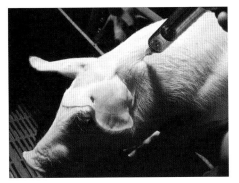

注射角度太高

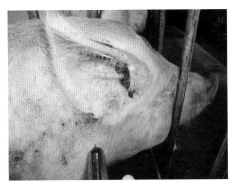

注射角度太低

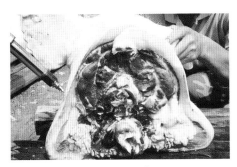

注射角度太低解剖

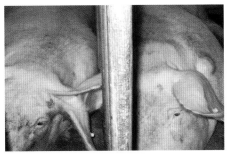

疫苗注射不当，引起脓肿

的吸收，使免疫反应或药效很差。如果注射部位太低,药品有被注入耳旁腮腺、唾液腺的可能性，其所引起的剧痛将使猪停止采食。

注射技术的错误常导致注射部位出现肿块。同时，疗效不佳时 (药物没有完全发挥作用) 可能需要检查注射技术。

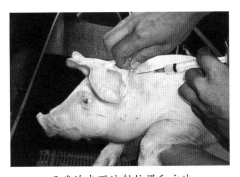

正确的皮下注射位置和方法

②皮下注射。正确的注射部位位于耳窝的松软皮肤下部，用一只手的大拇指和无名指捏起皮肤的皱褶，以一定的角度刺入针头，确保针头刺入皮下。皮下注射通常使用较短的针头。

一次正确的皮下注射比肌肉注射更难完成，因为它通常要求更高的精确性。

③低压无针注射法。目前已研究开发一种低压无针注射方法。与其他注射方法相比，不会出现组织损伤，有利于疫苗的吸收，减少猪的应激，但注射器一次性投资较大。

2.注射注意事项

①确保猪只得到妥当保定，最好使用鼻套进行保定。突然的意外移动会导致注射部位错误或伤害操作人员或猪只。

②选择针头时要考虑猪的大小、疫苗（药物）性质、注射剂量、注射深度等。有些疫苗如口蹄疫疫苗、萎缩性鼻炎疫苗等要求深部肌内注射，接种时选择合理长度的针头（种母猪可选择 16×42 的针头，种公猪可考虑 16×45 的针头）。

③使用前确保注射器械（如针头和注射器）经过清洁和无菌处理。最理想的是每注射一次更换一个针头。如果同一种药品同时注射同一批猪，在无疫病流行情况下，每注射一栏应换一次针头。

④使用无菌的专用针头从药瓶中抽取药物，而使用另一枚针头给猪注射，这样可避免瓶中药品受到污染，从而避免其他猪只的感染。

⑤不要使用弯曲或钝的针头，否则会增加注射时的疼痛和组织损伤，并增加引发感染的危险。

⑥尽量不要在臀部和腿部进行肌肉注射，以减少对肌肉的损伤和降低肌肉的废弃率。

⑦注射方法要正确。正确的注射方法，注射时推进顺畅，感觉有一点阻力；注射后猪只较安静，进针位置没有药水回流出来。错误注射有两种情况：一种是打到脂肪层中，推注射器时感到阻力很大，猪反抗强烈，推完注射部位明显肿胀，针口流药水或血水；另一种是推进极为顺畅，无阻力感，极大可能打在脂肪与肌肉层的夹层，注射部位肿胀更为明显。

六、免疫注意事项

①猪场的疫病控制应强调通过完善生物安全措施，提高综合饲养管理水平，实现猪群的健康安全，尽量少打疫苗。

②初次使用一种疫苗时先小群试用，经过 1 周观察后，确认安全后再全面使用。

③超前免疫（初生仔猪吃初乳前 1~2 小时免疫）是一种可操作性比较差的免疫方法，除非用于紧急免疫，正常生产上不推荐用于常规免疫，以免因操作上的失误留下隐患。

④蓝耳病的免疫与否？选用何种疫苗？建议在系统的检测基础上，结合专家的指导意见决定，不要轻易免疫，特别是蓝耳病的阴性场。

⑤在伪狂犬高发区域或该病污染严重的猪场，可以考虑在仔猪 3 日龄内滴鼻免疫伪狂犬基因缺失苗。选用水性佐剂滴鼻，吸收快。

⑥头胎青年母猪分娩前应增加大肠杆菌疫苗免疫 1~2 次，同时为提高一些重要疫病的母源抗体水平，可以选择在分娩前加强免疫一次，如口蹄疫、传染性胃肠炎和流行性腹泻二联灭活苗等。

⑦使用活菌疫苗免疫后 3~5 天内不得对猪只使用抗菌药物。

⑧对于油乳灭活疫苗，免疫剂量需在规定剂量基础上上浮一点点，主要原因是油乳苗佐剂之间存在空隙以及在抽取疫苗过程中会产生空气。

⑨对于冷藏的疫苗，如口蹄疫疫苗，直接从冷藏室取出，其温度仅 2~8℃，如果直接注入猪体内，应激比较大。在使用此类疫苗时，最好要从冰箱取出后放在室温下回温，但不可放在太阳下照射。当气温超过 30℃时，注意回温时尽量不要让疫苗的温度超过 30℃，冬天气温很低时建议用水浴方式将疫苗的温度逐渐提升到 25~30℃，减少应激造成的免疫失败。

⑩疫苗在注射前应轻轻摇匀。

七、减少免疫注射应激及提高免疫效果的方法

①在注射前 3~5 天，在饲料中加入抗应激和提高免疫力的添加剂或药物，如维生素 C、维生素 E、复合多维等。

②佐剂苗从冷藏冰箱中取出后自然回温到室温，并充分摇匀后注射。

③建议使用后海穴注射，既可提高免疫效果，又可减少免疫应激。

④尽量避免母猪重胎期和怀孕初期（30 天内）注射疫苗。严禁在母猪安静休息或安静哺乳时注射疫苗，应边喂料边注射，以转移其注意力。

⑤注射疫苗时针筒中的空气务必排净，否则会因空气压力的作用使疫苗从肌肉中回流，特别是比较黏稠的油佐剂苗。

⑥应选择较好天气或一天中较为舒适的时段注射疫苗，避免在暴雨、高温、高寒等恶劣气候条件时免疫。

⑦事先做好应对过敏反应的措施，即事先准备好肾上腺素以备急需，减少因过敏反应造成的损失。注射过肾上腺素的猪只应做好记号，以便事后补免。

⑧注射疫苗后应注意环境调控，尽量创造良好的生活环境，减少环境应激，确保免疫效果。

⑨注射疫苗后 3 天内（严格说应该在 7 天内）不得转移猪群，或做其他可能导致猪只强烈应激的工作。

第十三章　不同功能生产区日常操作流程

一、空怀、妊娠母猪区

（一）每日职责

①准备饲料（在母猪感觉不到的地点），建议湿拌料。

②饲喂并观察母猪健康状况、起卧表现。

③重新添满半自动饲喂器或检查调整自动饲喂器（指装备半自动、自动喂料器的猪场）。

④检查未吃完料的母猪，并做好记号。

⑤检查母猪粪便及地面有无不正常的分泌物，标记具有不正常分泌物的母猪。

⑥给母猪饮水，或检查饮水器，将剩料喂给其他母猪。

⑦打扫饲喂过道和猪栏。

⑧赶着公猪从断奶母猪栏前经过，观察母猪有无发情迹象。检查其他母猪有无发情迹象。

⑨在清早按下列先后顺序进行配种：新断奶的母猪、重复配种、返情母猪、后备母猪（若有足够员工可与新断奶母猪同时进行）。

⑩对未吃完料的母猪、便秘母猪及有不正常分泌物的母猪进行进一步诊断和有效治疗。

⑪将配种信息从工作本或工作卡中抄到配种登记簿上。

⑫检查环境、温度和风扇控制系统。

⑬执行每日应尽的职责，仔细检查并完成任何小的维修和必要的清洁工作。

（二）每周职责

①将断奶母猪从产仔舍转到空怀舍，喂料，提供饮水，注射保健（如果需要的话），进行规定的免疫接种。

②将待产母猪从妊娠舍转入产仔舍，打扫妊娠栏。

③将配种后母猪转入妊娠舍。

④及时淘汰需要淘汰的母猪。

⑤新的后备母猪转入后备母猪舍，并注意其过渡时期表现。

⑥将返情、假妊娠的母猪和后备母猪归类，刺激发情。

⑦配种 23~25 天和 40~42 天时进行妊娠诊断。

⑧给丢失耳标的母猪重新加上耳标。

⑨根据妊娠阶段和母猪体况，制订并调整完善每头母猪的饲料饲喂标准。

⑩订立下周配种计划。

⑪建筑和设备的维修和后勤工作：所有电动设备、风扇叶片和喂料设施的检查和除尘；墙壁、天花板的除尘和过道的打扫；设备、工具的维修和更新；通风系统的检查。

⑫记录：定购饲料、疫苗、药品等；总结每周的生产，控制猪的存栏；做好饲料的分发与消耗工作。

⑬研究分析各项生产记录和统计数据，并进行环比、纵比，及时发现存在及潜在的问题，提出修正方案，不断完善管理细节，实现精细化管理目标。

二、分娩哺乳母猪区

（一）每日职责

①准备饲料。

②检查所有的母猪与仔猪，及时处理一切紧急情况。

③饲喂母猪（据实际情况，一天重复两到多次）。

④观察新生仔猪，给新生仔猪剪耳号。

⑤检查母猪的供水情况，打扫食槽和补饲槽，为仔猪添加少量补料（多次）。

⑥清洁仔猪保温箱和整个猪舍，处理死猪和胎衣。

⑦对新生猪进行 48 小时护理：接产，断脐（用碘酒消毒脐带），剪齿，断尾，让仔猪吃足初乳，补铁（据实际情况可适当推迟），用药治疗（需要的话），打耳号，哺育弱猪，寄养，保温。

⑧注意观察母猪的以下情况：乳房是否发硬、肿胀、发烧，是否便秘，有无不正常的阴道排出物，食欲是否正常，体温是否正常，是否坐卧不安，胎衣有无下完。注意用药是否对症。

⑨注意观察仔猪的以下情况：营养状况，有无腹泻现象，有无关节问题。注意用药是否对症。

⑩产后用药保健所有的母猪和仔猪（如果需要的话）。

⑪根据观察母猪、仔猪的异常状况采取有效治疗措施。

⑫检查环境和控制湿度。

⑬检查和完成必需的维修和清洁工作。

⑭执行每周职责。

（二）每周职责

①接近或超过断奶日龄时断奶，判定母猪是否需要淘汰。

②将断奶仔猪转到保育舍。

③准备产仔间：拆卸设备；浸泡猪舍、地板和整个设备；高压冲洗猪舍和设备；消毒；重新安装设备；晾干，可能的话火焰消毒猪舍（除不可用火焰消毒的设施）。

④将母猪从妊娠舍转入待产母猪。

⑤执行每周的仔猪处理程序，如去势等。

⑥给丢失耳标的母猪重新加上耳标。

⑦定下周的产仔计划。

⑧按免疫程序适时免疫。

⑨建筑设备的维修和后勤工作：所有电动设备、风扇叶片、喂料设施的检查和除尘；墙壁、天花板的除尘，过道的打扫；设备、工具的维修和更新；通风系统的检查。

⑩研究分析各项生产记录和统计数据，并进行环比、纵比，及时发现存在及潜在的问题，提出修正方案，不断完善管理细节，实现精细化管理目标。

三、保育区

（一）每日职责

①转猪的当天要多观察几次，以确保仔猪能发现饮水和饲料。认真巡察，杜绝仔猪打架现象。

②做好"三定"工作，即定点排泄、定点采食、定点睡觉，调教培养猪只良好习惯。

③检查环境条件是否适宜，仔猪是否舒适，保证它们能躺开而不堆积。

④第一周每天检查料槽 3~4 次，以保证饲料新鲜。加料只加到每天的最大需要量。

⑤每天检查两次以上料槽，之后打扫料槽（需要的话），调整日粮。每周要清空一次料槽。

⑥检查每栏的饮水器出水是否正常，水压高低是否合适。需要时调整饮水器的高度。

⑦适时打扫猪栏，保证猪只睡觉处干燥。

⑧检查诊断病猪：适时隔离或处理病猪，如有必要重新分群；移走死猪或将病猪送解剖处解剖后做无害化处理。

⑨检查环境控制：检查猪舍温度是否达到理想的温度；随着猪群生长，调整猪舍温度；注意猪舍通风，保证空气质量不影响猪只健康，如果通风和保温出现矛盾，舍内空气质量差，此时优先改善空气质量。

⑩检查并完成任何小的维修工作。

⑪清走每天的垃圾，收拾医药设备。

⑫每天打扫过道和周边环境。

（二）每周职责

1. 清洗

①进舍饲料的库存数量以在猪转出时可以消耗完为标准。

②将保育仔猪转入肥育舍。

③清空猪舍内饲料，从喂料槽中扫出剩余饲料。

④打扫保育舍：保证电器安全、防水；拆卸设备；彻底浸泡猪舍、地板和设备；高压冲洗猪舍和设备，洗净工作区、过道和周边环境，及供水管等；消毒、干燥，隔置几天；重新安装好设备。

2. 重新设置猪舍

①维修分隔栏、饲喂器和饮水器。

②检查保温设备、风扇、开关和照明设备。

③调整饲喂槽，以方便刚转入的仔猪（较小）。

④检查落料是否可靠、有无故障。

⑤调整饮水器的高度。

⑥确保药品置于正确位置。

⑦必要的话用水泥添补死角。

⑧在保育栏中装上平整的木板和灯泡。

⑨设置小的通风量等。

⑩调节舍温，预热猪舍。

3. 向猪舍转猪

①一次性卸猪，卸猪动作要轻柔，使应激降到最低限度。

②按性别大小分类。

③将小猪装入最温暖的保育栏中。

④留 2~3 个空栏为调整后面的猪。

⑤若需要向仔猪体表喷涂药水。

⑥给猪补充水分（若经过了长距离的运输，补充水分尤为重要）。

⑦再检查一次饮水器。

⑧再检查一次料槽的调节状态，使料槽中有少量饲料，或向木板撒少量的饲料。

⑨对经过长距离运输的猪，要先让其饮完水、休息 2~3 小时后再进行供料。

⑩清点头数，完成记录。

4. 一周中其他工作

①对断奶猪适时接种免疫和驱虫。

②适时调整猪群，使仔猪生长均匀。

③建筑、设备的维修和后勤工作：对所有电器、风扇叶片、喂料设施进行检查和除尘；对墙壁、天花板进行除尘，打扫过道；设备、工具的维修和更新；检查通风系统。

④记录：检查、定购供给情况；总结每周生产情况，控制猪存栏数；做好饲料的分发与消耗工作。

⑤研究分析各项生产记录和统计数据，并进行环比、纵比，及时发现存在及潜在的问题，提出修正方案，不断完善管理细节，实现精细化管理目标。

第十四章　猪场饲养工艺和生产技术参数

一、猪场饲养工艺

　　猪的饲养工艺是指将各生产阶段的猪群组织成有工业生产方式的流水式生产工艺过程。按一定的生产节律和繁殖周期及猪场的生产计划均衡地进行养猪生产，即把养猪生产中的母猪配种、妊娠、分娩、仔猪哺乳、仔猪保育和生长肥育等生产阶段有机地联系起来，形成一条连续流水式的生产线，有计划、有节律地常年均衡生产。

　　猪场饲养工艺是规模化养猪的总纲，是猪舍建筑设计的依据，是投产后的生产指南，是实现"全进全出"生产模式的关键，必须因地制宜地制订，讲究科学、实用、经济，不能生搬硬套、盲目追求先进。

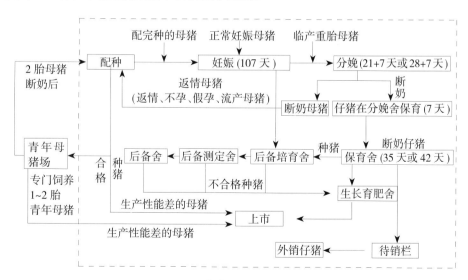

猪场生产工艺流程图

　　自繁自养的猪场根据不同的生产阶段的精细化管理需要，每个生产阶段又可分为若干不同的生产工艺。这些生产工艺完全可以依据实际需要有机组合，科学安排，并不是机械的和定性的。

母猪生产阶段生产工艺可细分为妊娠轻胎和妊娠重胎两个生产工艺。

仔猪保育阶段生产工艺可细分为保育过渡阶段和保育阶段两个生产工艺。

生长肥育阶段生产工艺可细分为生长阶段和肥育阶段两个生产工艺。

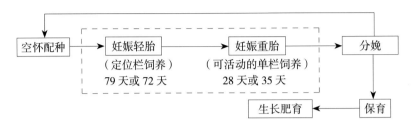

母猪生产阶段生产工艺

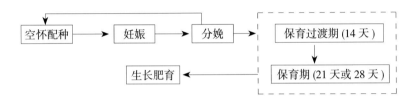

仔猪保育阶段生产工艺

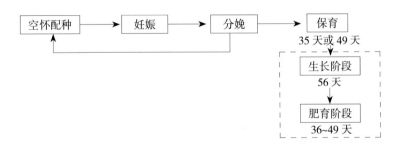

生长肥育阶段生产工艺

二、多点式生产系统

1. 生产阶段的划分

猪的整个生产系统通常分为以下 3 个生产阶段。

①繁殖生产阶段：在这一阶段，饲养和管理母猪和公猪，目的是生产断奶仔猪。

②保育生产阶段：饲养从繁殖阶段转入的断奶仔猪，保育期 6~7 周，也可分为两个阶段保育：保育过渡阶段（保育预备期通常 2 周）和保育期。

③生长肥育生产阶段：饲养直接从保育舍转来的仔猪，也可分为生长猪阶段和肥育猪阶段。

2. 多点生产

传统的一点式生产，繁殖生产阶段、保育生产阶段和生长肥育生产阶段都在同一个地点的猪场内完成，或在一个猪场内不同功能区完成。

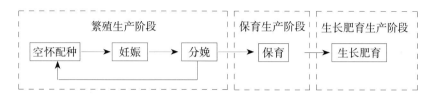

一点式生产示意图

多点生产是指将处于不同生产阶段的猪饲养在不同的地点或猪场。点是指不同生产阶段猪的饲养点，以及所采用的单点或多点生产系统的类型。各点之间的距离根据土地条件而定，一般越远越好，以实现生物安全隔离、提高生产水平的目的，至少距离 150 米，建议 250 米以上。如以生物净化为目的，距离应大于 1000 米。在南方地区可充分利用山地资源，实施分点生产，靠自然地形和生态条件作为隔离条件，这样点与点之间的距离不是那么重要。多点生产，常采用两点式生产或三点式生产。

①两点式生产：整个生产分为两个点。繁殖生产阶段、保育生产阶段在一个点，生长肥育生产阶段在另一个点；或繁殖生产阶段在一个点，保育生产阶段、生长肥育生产阶段在另一个点。精细化健康养殖提倡采用后一种两点式生产方式。

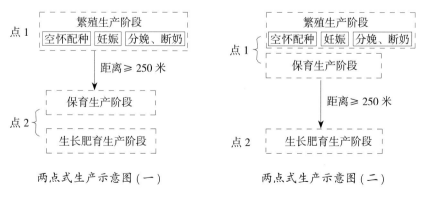

两点式生产示意图（一）　　　　两点式生产示意图（二）

②三点式生产：繁殖生产阶段、保育生产阶段、生长肥育生产阶段分别在不同地点的饲养生产方式。

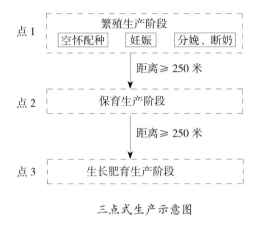

三点式生产示意图

三、猪场生产工艺参数

1.建立以周为单位的繁殖节律

在一定时间内对一群母猪进行人工授精或组织自然交配，使其受胎后及时组建起一定规模的生产群，以保证分娩后组建起确定规模的哺乳母猪群，并获得一定数量的仔猪。我们把组建起哺乳母猪群的时间间隔（日数）叫做繁殖节律。严格合理的繁殖节律是实现流水式生产工艺的前提，也是实现"全进全出"生产模式的前提，同时是实现有计划利用猪舍，提高固定资产利用率和合理组织劳动管理的基础。

现代规模化猪场，通常以周为单位（7日制）作为繁殖节律安排生产，具有以下优点：

①可减少空怀母猪和后备母猪的头数，因为猪的发情周期为21天，恰好是3周。

②可将繁育的技术工作和劳动任务安排在一周5天内完成，避开周六和周日，因为大多数母猪在断奶后第4~6天发情，因而配种工作可在3天内完成。如从周一至周四安排配种，不足之数可按要求从后备母猪补充，这样生产群的配种和转群工作可全部在周日之前完成。

③有利于按周、月和年制订工作计划，建立有秩序的工作和休假制度，减少工作的混乱和盲目性。

2.猪场生产工艺参数的确定

要准确计算场内各期各生产群的猪数和存栏数，并据此计算所需栏位数、饲料需要量和产品数量，必须根据猪群的遗传基础、生产力水平、技术水平、经营管理水平和物质保证条件以及已有的历年生产记录和各项信息资料，实事求是地确定生产工艺参数。猪场生产参考工艺参数见表14-1。

表 14-1　猪场生产参考工艺参数

项目	工艺参数	项目	工艺参数
母猪年产胎数（胎）	2.17~2.37	保育期（2）（天）	28~35
母猪繁殖周期（天）	154~168	生长期（天）	56
空怀配种期（天）	21~28	肥育期（天）	36~49
妊娠期（天）	114	商品猪饲养全期（天）	154~168
分娩哺乳期（天）	21~28	商品猪出栏平均重（千克）	100~120
保育期（1）（天）	14		

注：空怀配种期包括正常空怀、返情等分摊的非生产天数。

四、猪场猪群结构与适时存栏量

流水式和节律性的生产是以最大限度地利用猪群、猪舍和设备为原则，以精确计算猪群规模和栏位数为基础的。为此，首先要确定生产工艺和生产参数，将猪群按工艺划分为不同的工艺群，计算其存栏数，并将它们配置在相应的专用猪舍栏位，以完成整个生产过程。在计算栏位数时，除了考虑按各类工艺猪群在该阶段的实际饲养日外，还要考虑猪舍的消毒和维修的时间，以及必要的机动备用期。

以存栏 600 头生产母猪规模的自繁自养的猪场为例，参照表14-2所示的生产工艺技术参数，计算出猪场各生产阶段猪群结构和适时存栏量（表14-3），以及需要的猪栏数。

表 14-2　600 头生产母猪规模的自繁自养的猪场设计生产参数

项目	生产参数	项目		生产参数
哺乳期仔猪成活率（%）	94	商品猪出栏平均重（千克）		110
保育期仔猪成活率（%）	96	母猪繁殖周期（天）		163
生长育肥期商品成活率(%)	98	空怀期（天）		28
发情配种率（%）	94	妊娠期	妊娠前期（天）	72
情期受胎率（%）	96		妊娠后期（天）	35
妊娠分娩率（%）	98		哺乳期（天）	7
公、母猪年更新率（%）	35	母猪分娩过渡期（天）		7
母猪窝产活仔数（头）	10.6	保育期（1）（天）		14
母猪年产胎数（胎）	2.24	保育期（2）（天）		35
商品猪饲养全期（天）	168	肥育期（天）		98

表 14-3　猪场各阶段生产流程安排及适时存栏量

舍别	功能	饲养天数	空栏消毒和备用天数	占栏天数	猪群数	每群猪数	猪舍单元数	猪栏数	猪适时存栏数
后备母猪舍	后备母猪培育	35	7	42	5	42	6	—	210
空怀配种舍	后备母猪、断奶母猪发情观察与配种	28	7	35	4	26	5	130	103
妊娠舍	妊娠前期（轻胎妊娠）饲养	72	7	79	10.28	26	11	286	265
妊娠运动舍	妊娠后期（重胎妊娠）饲养	35	7	42	5	26	6	156	129
分娩舍	分娩过渡期饲养	7	7	35	5	26	6	156	103
	分娩、哺乳母猪饲养	21							
	哺乳仔猪饲养								770
保育舍（1）	仔猪断奶过渡保育	14	7	21	2	247	3	—	492
保育舍（2）	仔猪保育	35	7	42	5	247	6	—	1233
生长肥育舍	仔猪生长肥育	98	7	105	14	242	15	—	3383
公猪舍	公猪饲养	—							6
合计总存栏量		6694							

注：①猪栏数中的空怀、妊娠、分娩栏的数量均按一头一栏的标准计算，后备、保育、生长肥育猪根据每栏饲养头数折算猪栏数量。

②本表不包括隔离舍、各生产阶段的隔离保姆舍。

③公猪头数以人工授精方式的公、母比例计算数量。

具体计算方法如下：

① 600 头生产母猪年产量 = 母猪总头数 × 年产胎次 × 窝产活仔数 × 哺乳期仔猪成活率 × 保育期仔猪成活率 × 生长肥育期商品猪成活率 =600 × 2.24 × 10.6 × 94% × 96% × 98%=12599（头）

②采用自然交配公猪头数 = 母猪总头数 ÷ 公、母比例 =600 ÷ 25=24（头）

后备公猪 = 公猪头数 × 年更新率 =24 × 35%=8（头）

采用人工授精公猪头数 = 母猪总头数 ÷ 公、母比例 =600 ÷ 150=4（头）

后备公猪 = 公猪头数 × 年更新率 =4 × 35%=2（头）

③后备母猪头数 = 年总母猪头数 × 年更新率 =600 × 35%=210（头）

④成年空怀母猪头数 =（总母猪头数 × 年产胎次 × 饲养日数）÷365=（600×2.24×28）÷365=103（头）

⑤轻胎妊娠母猪头数 =（总母猪头数 × 年产胎次 × 饲养日数）÷365=（600×2.24×72）÷365=265（头）

⑥重胎妊娠母猪头数 =（总母猪头数 × 年产胎次 × 饲养日数）÷365=（600×2.24×35）÷365=129（头）

⑦分娩哺乳母猪头数 =（总母猪头数 × 年产胎次 × 饲养日数）÷365=［600×2.24×（7+21）］÷365=103（头）

⑧哺乳仔猪头数 =(总母猪头数 × 年产胎次 × 窝产活仔数 × 哺乳期仔猪成活率 × 饲养日数）÷365=（600×2.24×10.6×94%×21）÷365=770（头）

⑨22~70 日龄保育仔猪头数 = 总母猪头数 × 年产胎次 × 窝产活仔头数 × 哺乳期仔猪成活率 × 保育期仔猪成活率 × 饲养日数 ÷365=（600×2.24×10.6×94%×96%×49）÷365=1725（头）

⑩71~168 日龄肥育猪头数 =（总母猪头数 × 年产胎次 × 窝产活仔数 × 哺乳期仔猪成活率 × 保育期仔猪成活率 × 生长育期商品猪成活率 × 饲养日数）÷365 =（600×2.24×10.6×94%×96%×98%×98）÷365=3383（头）

五、养猪现有生产水平与生产潜力比较

随着规模化、集约化的发展，养猪生产水平已有了显著的提高，但实际的生产能力远高于现有水平，因此应该通过标准化科学饲养和精细化管理，进一步挖掘养猪生产潜力，以实现养猪效益的最大化。仔猪生长性能现状、目标及潜力见表14-4。

表 14-4　仔猪生长性能现状、目标与潜力

项目	现状（较高水平）	目标	潜力
初生仔重（千克）	1.25	1.5	2.0
21 日龄体重（千克）	6.0	7.0	8.0
28 日龄体重（千克）	7.0	8.0	11.2
28 日断奶前教槽总量（千克）	0.25	0.6	1.25
断奶后 7 天日增重（克）	−150~200	250	500
60 日龄体重（千克）	20	24	36
70 日龄体重（千克）	25	30	45
保育期（28~60 日龄）日增重（克）	390	500	800

附录 母猪精细化养殖过程常用表格

表一 商品猪防疫注射登记表

年	生产线		猪类别	日龄	注射疫苗名称								免疫剂量	疫苗厂家	疫苗批号	备注	疫苗注射负责人
	栋	间(栏)			猪瘟	蓝耳病	口蹄疫	传染性胃肠炎	链球菌病	伪狂犬病	乙型脑炎	细小病毒病					
月 日																	

表二 猪病诊断治疗记录表

年　月　日

栏舍	日龄及标志
饲养员	

病史：

症状及诊断意见：

处方：　　　　　　　　　　处方号

兽医

表三　日常消毒登记表

日期（年、月、日）	时间	消毒对象	消毒剂	浓度	剂量	消毒方式	消毒时间	操作人	备注

表四　猪只存栏及饲料消耗动态表

栏舍：

猪只类别：

日期	转进（头）	转出（头）	出售（头）	死亡（头）	淘汰（头）	当日存栏	耗料（千克）	平均耗料（千克）	备注	签字
1										
2										
3										

时间：　　　　年　　月　　日

区长：　　　　技术员：　　　　统计员：

注：当日存栏为每天下午下班时的猪存栏量。

表五　母猪盘点及普查表

场别：

栏舍	耳号	品种	胎次	配种时间	与配公猪	预产时间	分娩时间	产仔数	产活仔数	哺乳仔数	返情情况及综合评价

填写日期：　　　　年　　月　　日

盘点人：　　　　制表：

表六 种公猪采精情况登记表（____周）

场： 舍：

日期	个体号	采精量（毫升）	颜色	气味	密度	活力	畸形率（%）	稀释头份	采精员	稀释员	备注

签字：

表七 母猪繁殖性能登记表

品种： 耳号： 出生日期： 始配日期：

有效乳头数：

胎次	配种日期	预产日期	与配公猪		配种方式	分娩日期	产仔头数	产活头数	初生体重	木乃伊	死胎头数	断奶日期	断奶头数	断奶窝重	备注
			品种	耳号											

填表人：

注：1. 配种方式：人工 / 本交；产活头数；产合格数 / 弱仔数。
2. 本表随种猪移转，配种部分由配怀所在配种技术人员填写，产仔部分由分娩舍技术人员填写。

表八 分娩过程记录表

场： 区： 母猪耳牌号： 第 周 年 月 日

分娩过程	时间	异常情况记录	记录内容要求
分娩前兆 1			拱栏、躁动、阴道流出分泌物等
分娩前兆 2			第 1 对乳头挤出奶水
分娩前兆 3			破羊水（有羊水流出时间）
体温测量记录			体温多少？是否正常？采取何措施
第 1 头产出			记录每一头胎儿产出的具体时间，胎儿是否正常（正常胎儿、畸形、死胎、木乃伊、黑胎等），是否采取助产措施，母猪是否难产，是否对母猪采取有针对性的补液、保健、治疗等，总之记录一切和分娩有关的事项
第 2 头产出			
第 3 头产出			
第 4 头产出			
第 5 头产出			
第 6 头产出			
第 7 头产出			
第 8 头产出			
第 9 头产出			
第 10 头产出			
第 11 头产出			
第一个胎衣排出			
最后一个胎衣排出			

分娩过程简要总结（是否顺产，存在问题等）：

饲养员： 主管：

表九　各类猪只死亡（淘汰）日（月）报表

场：　　　　　　　　　　　　　　　　　　　　　填写日期：　年　月　日

统计员：

日期	舍别	栏号	头数	类别	饲养头数	体重	原因	兽医	饲养员	处理办法	验收人签字	主管领导签字
合计												

表十　驱虫保健记录表

幢号：　　　　　　　　　　　　　　头数：

日期	日龄	驱虫药		保健药		驱虫药		保健药		执行人	备注
		名称	剂量	名称	剂量	名称	剂量	名称	剂量		

表十一 兽药使用记录表

序号：

年

用药时间	用药对象	症状（处方笺编号）	所用药品	给药途径	给药剂量	治疗效果	执行人	休药期	备注

表十二 药品（疫苗）包装物回收记录表

序号：

年

日期	包装物种类	数量	兽医	接收人	去向

注：药品包装物包括安瓿、疫苗瓶子、盒子等。

表十三 种猪淘汰死亡登记表

场： 第 周（ 年 月 日）

日期	耳缺号	耳牌号	胎次/采精月数	栏舍	历史记录	淘汰/死亡原因	经办人	主管意见	备注

审批意见：

参考文献

[1] 林保忠，刘作华，范首君，等．科学养猪全集 [M]．成都：四川科学技术出版社，2000．

[2] 阿尔伯特，农业局畜牧处，等．养猪生产 [M]．刘海良，译．北京：中国农业出版社，1998．

[3] 苏振环．现代养猪实用百科全书 [M]．北京：中国农业出版社，2004．

[4] 万熙卿，芦惟本．中国福利养猪 [M]．北京：中国农业大学出版社，2007．

[5] 代广军，吴志明，苗连叶．规模养猪精细管理及新型疫病防控技术 [M]．北京：中国农业出版社，2006．

[6] Close W H Cole D J A．母猪与公猪的营养 [M]．王若军，译．北京：中国农业大学出版社，2003．

[7] 美国国家科学院科学研究委员会．猪营养需要［M］．印遇龙，阳成波，敖志刚，等，译．北京：科学出版社，2014．

[8] 江斌，吴胜会，林琳，等．猪病速诊快治 [M]．福州：福建科学技术出版社，2008．

[9] ENGEN M A, SCHEEPENS K Pig signals［M］. Zutphen:Roodbont Publishers B.V., 2012.

[10] 福建省家畜家禽品种志和图谱编写组．福建省家畜家禽品种志和图谱 [M]．福州：福建科学技术出版社，1985．